淘宝美工

抠图修图 ✛ 页面设计 ✛ 详情页制作 ✛ 整店装修

◎ 互联网＋数字艺术教育研究院 编著

U0381786

人民邮电出版社
北 京

图书在版编目（CIP）数据

淘宝美工：抠图修图+页面设计+详情页制作+整店装修 / 互联网+数字艺术教育研究院编著. -- 北京：人民邮电出版社，2018.11（2023.7重印）
ISBN 978-7-115-48194-8

Ⅰ. ①淘… Ⅱ. ①互… Ⅲ. ①电子商务－网站－设计
Ⅳ. ①F713.361.2②TP393.092

中国版本图书馆CIP数据核字（2018）第061200号

内 容 提 要

本书从淘宝美工的日常工作内容出发，对美工抠图、修图的基础工作和店铺页面设计，以及店铺页面上线流程进行了细致讲解，由浅入深、循序渐进地介绍了淘宝美工的相关知识，帮助读者快速了解淘宝美工的工作内容，并迅速掌握淘宝美工的工作技能。

本书采用"理论+实例"的方法介绍淘宝美工的工作，并注重淘宝美工设计思维的提升。全书分为12章，主要内容包括认识淘宝美工、认识淘宝页面、淘宝美工的好帮手、淘宝美工的技能提升、图片的后期美化、淘宝抠图实用技巧、排版是设计的基础、淘宝店铺的页面设计、淘宝页面的设计分析、产品详情页设计、淘宝后台代码制作与上传、整店装修流程。

本书既适合高等院校平面设计等专业的学生作为教材，也适合刚从事淘宝美工工作的职场新手作为参考书。

◆ 编　著　互联网+数字艺术教育研究院
责任编辑　税梦玲
责任印制　彭志环

◆ 人民邮电出版社出版发行　北京市丰台区成寿寺路11号
邮编 100164　电子邮件 315@ptpress.com.cn
网址 https://www.ptpress.com.cn
涿州市般润文化传播有限公司印刷

◆ 开本：787×1092　1/16
印张：16.75　　　　　　　2018年11月第1版
字数：470千字　　　　　2023年7月河北第7次印刷

定价：79.80元

读者服务热线：(010)81055256　印装质量热线：(010)81055316
反盗版热线：(010)81055315

PREFACE  前言

目前，网购已成为一种常见的消费方式，网购的发展给网店的经营带来了挑战。网店经营者要想在茫茫的电商大军中脱颖而出，赢得顾客的青睐，就不能忽视对网店的装修。店铺的装修不只是对店铺进行美化，也是店铺品牌形象和店铺理念的展现。

本书内容

商品的修图和上架、店铺页面的设计和上线都是淘宝美工的日常工作。本书针对淘宝美工工作中的图片后期处理与页面设计，对颜色和平面构成知识进行了详细介绍，强化了美工设计的学习要点，以提升读者的设计能力。另外，本书还对一些上线店铺页面进行了设计分析，帮助读者掌握页面设计的知识点。全书共12章，主要内容概括如下。

美工相关知识（第1~2章）： 介绍与淘宝美工相关的知识，包括对淘宝美工的认识和淘宝页面的组成部分。

软件操作知识（第3~4章）： 讲解淘宝美工常用软件的操作。

美工的基础工作（第5~6章）： 讲解淘宝美工的抠图和修图技术。

页面排版知识（第7章）： 介绍页面排版的相关知识，以提高淘宝美工的排版能力。

页面设计（第8~9章）： 讲解页面设计的要点，强化淘宝美工的页面设计能力。

产品详情页设计（第10章）： 讲解产品详情页的设计，提升淘宝美工的详情页设计能力。

页面上线（第11章）： 讲解页面上线的操作，即从页面图片到淘宝代码的转换。

页面设计流程（第12章）： 讲解淘宝美工页面设计的整个流程。

内容特点

实用性强： 本书所列举的案例均来源于淘宝美工的日常工作内容。

强调方法： 对案例的操作演示以介绍操作思路和操作难点为主。

配套视频： 书中实例除配有清晰的操作步骤外，扫描案例对应的二维码，还可在线查看操作视频。

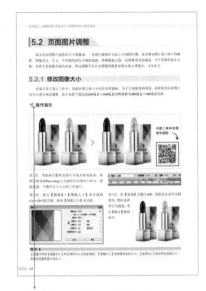

操作演示：讲解设计思路及软件操作的难点

综合实例：详细讲解相关页面的设计方法和软件操作步骤

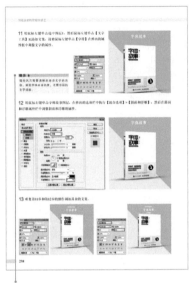

提示：帮助读者掌握技能要点

配套资源

为便于教师教学、学生自学，本书提供配套素材文件、PPT和微视频，请登录 www.ryjiaoyu.com 下载。

编者

2018年6月

CONTENTS

目录

认识淘宝美工

淘宝美工是一种新兴的职业，它是借助网络走进人们的生活而发展起来的。作为这个行业的从业者，需要对这个行业的发展历程有所了解，才能明白这个行业的意义与价值。

1.1 浅谈淘宝美工

随着电子商务（本书中简称为电商）的快速发展，从事电商行业的人也越来越多。在网上买卖商品，顾客不能直接接触到商品，而是通过图片等方式间接了解商品的信息，于是出现了服务电商视觉传达的职业。

1.1.1 电子商务

电子商务是指以网络技术为基础，以商品交换为中心的交易活动。也可以理解为在网络上进行的在线购物活动。形象地讲，就是商家通过网络与顾客沟通，进行交易，再通过物流等形式，将商品交给顾客以完成交易的一种活动。

当前的电子商务模式有4种：以商家和个人交易为主的B2C模式，如天猫、京东；以个人与个人交易为主的C2C模式，如淘宝；以批发商和商家交易为主的B2B模式，如阿里巴巴；以线下结合线上相互促进交易的O2O模式，如饿了么、美团等。

电商在经营模式上减少了传统模式的经营成本，减轻了传统模式的库存压力，也简化了传统模式的运营步骤，以较为简单的方式完成交易。电商不受地域的限制，面向各地网络用户，将信息数据采集处理与人工处理相结合，提高了人力、物力的利用率，减少了商业的运行周期，提高了商业的效率。

提示 ↓

了解必要的电商知识很重要，不仅能让淘宝美工知道什么样的图适合淘宝，还能帮助淘宝美工在工作中把握重点，加强重点部分的设计，提高商品的转化率。同时淘宝美工还应该熟悉生产到售后的整个流程，并对产品有较深的了解，这样才能让页面设计和页面信息更适合店铺的风格。

1.1.2 淘宝美工的起源

自2003年"淘宝网"在杭州成立，一些人通过"淘宝网"的"免费开店"等平台入驻淘宝网，开始了网店经营。因为网店顾客与商家在虚拟的网络环境中进行沟通交易，所以顾客主要以图片来了解商品的详情。

淘宝美工和现在的很多职业类似，也是从其他职业里细化分离出来的行业。淘宝美工属于设计这一行业，主要负责处理电商图片。设计是从艺术中分离出来并服务于人们的生活的独立的艺术学科，与艺术不同的是，艺术注重表达思想，设计注重方便生活。

美工是对事物做美化处理，把美带给人们。对美的认知似乎是人的天性，从远古时期的图案、颜色和样式，到现代构成主义的高楼，人们创造的美不断地打破传统，创造新的形式以美化人们的生活。古老的仰韶文化——半坡的小口尖底瓶水器，利用浮力和重心的知识，设计的小口尖底形状，不仅方便汲水，还利于水的搬运，其流线形的瓶身和创新的尖底，在今天依旧不失为经典造型。还有现代构成主义的建筑，打破了传统建筑的复杂烦琐，用基础的几何图形构成，不仅美观、新颖，还更利于现代人们的居住。

在商业高速发展的今天，设计为大多数的商业服务。也因为商业设计的大量需求，设计不断细化，衍生出了服务更细致的设计行业。

淘宝美工作为由设计分离发展出来的新职业，不仅继承了设计的诸多特点，同时还融入了其他行业的知识技能，如摄影手绘、营销策划、推广运营等。

简单地说，淘宝美工就是用自身的知识和技能将美带进人们的生活，解决网店美化问题的职业。

1.2 淘宝美工的崛起

淘宝美工在时代发展需要的前提下产生，再加上淘宝开店的低门槛和高收益的推动，对淘宝美工的岗位需求越来越多，淘宝美工的从业者也越来越多。

1.2.1 由业余从业者到设计师

美工从业者的专业性变化可分为起步、发展和主流三个阶段，早在2003年，就有人加入C2C模式的淘宝，这种个人与个人间的交易方式很受网民亲睐，交易内容也是多种多样，"万能的淘宝"的名号就是这样产生的，也正因为这种交易模式的性质，当时的淘宝美工工作大多数是店主自己做，设计只需要满足日常的基本运营，设计的价值并不明显。这是淘宝美工发展的起步阶段。

淘宝美工的发展阶段是指，随着淘宝的逐渐发展，个人卖家开始做大做强，原本的基础设计满足不了日益增长的设计需求，店主开始提升设计水平或寻找更专业的设计以适应新的设计需求的阶段。

网络购物的快速发展对传统行业带来了相当大的冲击。企业为拓展新的交易渠道，开始采用淘宝的线上交易模式，经营淘宝企业店铺。此阶段对淘宝店铺的设计要求更高，企业多聘请更加专业的视觉设计师来做页面的视觉和页面的互动效果。这个时候，专业设计师已成为淘宝美工的主流。因为淘宝美工的行业缺口比较大，所以相关的培训机构也迅速发展，向淘宝输出专业的设计人才。

1.2.2 由简单设计到个性化设计

淘宝美工的发展可以分为早期的满足基本工作需要、中期的提高转化和现在的强调内容营销三个时期。

早期，淘宝美工的工作是用图片的形式表达产品，无论是对设计还是视觉都没有太多的要求，图片的美观程度取决于淘宝美工从业者的审美。

随着淘宝的逐渐发展，卖家逐渐发现，图片的美观程度影响着产品的销量，于是卖家开始注重图片的设计和美感。但此时的页面以配合运营思路为主，页面结构的功能分区明显，页面的营销目的很明确。

现在，淘宝逐渐走向"内容营销"阶段，立意在于用内容抓住买家，和买家建立稳定的联系，实现长久的经营与销售。换一种角度说，卖家和买家之间不只是买方与卖方的关系，还有诸如信息提供、时尚指导等其他为顾客服务的内容，也就是建立买家对卖家的信任。当买家认同卖家的时候，也就建立了相对稳定的关系。

淘宝上买家的流动性很大，很多时候买家购买商品后，会因发货、物流、客服态度等因素而不再访问这家店铺。这对建立了买卖关系的双方都不利，使得买卖双方不得不寻找、建立新的买卖关系，承担额外的风险。稳定的买卖关系能让卖家获得更多的利润和更稳定的发展。而买家与卖家的关系需要通过页面来建立关联，所以页面的精致化、个性化设计显得越来越重要。

1.2.3 淘宝美工推动电子商务的发展

电商与传统行业的区别是，电商交易活动大多在虚拟的网络中进行，交易活动不像传统行业那样看得见摸得着，而是依赖于其他方式来传达产品的信息，如图片、视频、文字等。

与视频相比，图片能更好地将买家的注意力聚集到产品上；与文字相比，图片具有更强的表达能力。图片在将产品的形象和信息传达给买家的同时，其精美程度也影响了买家的购买意向。

电商的销量较依赖于促销活动，如电商的"双十一"促销活动。当然，活动页面需要美工去设计。美观、合理的活动页面不仅能提升销量，还能拉近卖家和买家的距离，增加买家与卖家之间的互动。

美观、合理的淘宝页面能够起到与活动页面相同的效果，还能够引起买家的共鸣，让买家流连忘返，并主动关注、浏览店铺，从而增加店铺的客流量，让店铺信息得到更好的传播。

提示 ↓

好的店铺页面设计，不仅对店铺的销量有着极大的推动，还能吸引更多的买家关注店铺，对淘宝店铺的"内容运营"有着很好的推动作用。同时店铺页面设计的风格往往吸引喜欢同样风格的买家，当风格变化时，可能会流失喜欢原本风格的这部分买家。

例如，淘宝首页女装类目下的腔调频道，入驻的商家都有着较强的风格，正是这种商品和页面强烈的风格，让腔调频道成为了女装类目下的热门频道。

1.3　淘宝美工应该具备的素质

作为一种新兴的互联网职业，淘宝美工也有着互联网传播广、变化快的显著特征。淘宝美工从业者要有时刻学习和紧追时代的态度，才能在行业中占有一席之地。

1.3.1 具备多种职业的基础知识

身为淘宝美工，了解绘画的基础知识对日常工作有很大的帮助。淘宝美工的大多数工作还与平面设计有很大的关系，因此了解平面构成的知识对淘宝美工也很重要。除此之外，还要了解摄影的相关知识。产品图片上传到网上前，有一个很重要的步骤就是产品摄影。而摄影也是一门相对独立的艺术职业。对于服装这类需要大量摄影的类目，就更需要淘宝美工对摄影有一定的了解，这样对图片的后期修图工作有很大的帮助。

淘宝美工这个新职业涉及的领域很广，如销售心理学，了解消费者的消费心理可以让图文信息传播更精准，让买家对产品更加信任。

淘宝美工的工作最终是需要在网页上实现的，所以对网页的知识也需要有基本的了解，并能够做一些简单的页面动态效果。

现今的淘宝在页面展示方式上向多样化发展，不仅有视频展示方式，还有直播等展示方式，将来还可能会有虚拟展示等新方式。

总的来说，淘宝美工这个行业的发展时间不长，职业特点还没有完全形成，同时这个职业又有较强的变化性，需要淘宝美工从业者时刻学习，以适应时代的发展。

1.3.2 提高审美是提升设计的捷径

美是人们普遍共同欣赏的一种感觉，人们对于美的追求从没有停止过。而审美是对事物美感的一种感知和欣赏，审美是一种主观性很强的活动，受到思维的影响。

每个人的审美都因其所处环境、生活及其他因素的影响而有所不同。当对事物的美感认知不够深刻时，所表达的事物美感也就不会太强烈。视觉上的美感是一种感性的思维认知，美感不是通过理性思维的方法加强，而是通过生活中的观察和感受来积累的。当审美的鉴赏能力提高后，对美感的表达将有质的突破。这对从事与美感相关工作的人来说是至关重要的。

世界上并不缺少美，只是缺少发现美的眼睛。提高美感的方法就是多看、多感受，例如有目标性地观看同行的作品、参观精美的艺术作品、浏览优秀的设计网站，以及学会欣赏生活中的艺术美等。

1.3.3 创意设计带来的显著效果

什么是创意呢？创意是指在现有的对事物的理解和认知上，衍生出的新的思维方法。创意往往打破常规，是新旧思维碰撞的产物。创意设计是将想法体现到设计中，让设计展现出不寻常或耳目一新的感觉。

对一件事物美的感受往往会随着时间的增加而减少，这种现象也被称为"审美疲劳"。而创意设计与常规设计的区别是，创意设计所表达的东西会使人眼前一亮，这种反常规的创意往往能够引起信息接受者的共鸣。

当网店经营到一定规模后，经营策略也会发生相应的变化，抛开运营方式和运营内容，页面设计重塑也是一种很重要的经营策略。与店铺风格契合的创意页面设计，不仅能提高店铺的形象、增加店铺的附加值，还能从视觉上吸引顾客，提高顾客的到访率。

认识淘宝页面

02

淘宝页面的基本作用是展示商品和帮助买家了解商品。在网店装修中能够满足这一基本条件的页面，就能称为"淘宝页面"。在淘宝网店的运营过程中，不断地开发页面的附加价值、增加页面与买家的互动性，可以使页面有更为完善的功能，最后形成更多的销售。

2.1 网店首页的组成部分

淘宝店铺是在虚拟的网络环境中进行交易的，它要求店铺首页具有整体性和时段性两个特征。首页承载了店铺的形象，首页的装修关系到店铺的形象塑造。同时，首页上展示的内容是当时时段较为重要的内容，是卖家要重点展示的信息。

首页，根据其不同部分的内容和功能，可以将其分为几个独立部分。各个部分之间既可以相互关联，又可以互不影响。这些部分是为了提高店铺的销量而设计的版块。

了解各个页面的功能与特点能帮助淘宝美工设计店铺页面，使页面适合店铺的运营模式，让页面兼具美观和实用两大特点。

2.1.1 店招

网店的店招在形式上相当于线下店铺的招牌，实际上远远没有线下店铺招牌的作用大。网店的店招会一直出现在各个页面中，同时还具有分类导向的作用。

打开一家淘宝店，对首页进行观察。网页窗口中的最上方是淘宝官方的功能栏和淘宝官方设定的店铺基本信息介绍，包括店铺名称、店铺信誉等级、店铺的动态评分（主要为"描述""服务""物流"在当前时段的评价得分）等。

淘宝官方介绍版块下就是店招，店招内容包括店铺名称和店铺标语（有关店招的设计会在页面设计的相关章节中讲述），店招的通用尺寸为1 920像素×150像素，中间蓝色950像素×120像素部分为主要信息显示区，两边的蓝灰色为背景部分。

店招下方的天蓝色条形为导航栏，内容包括"所有分类"、"首页"和"店铺活动"。导航栏中的内容可以自定义设置。导航栏是对店铺信息的分类整理，用于方便买家的浏览。

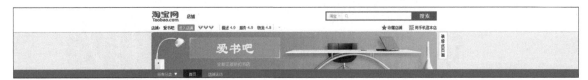

2.1.2 海报

导航栏下为海报图，即常说的"首焦图"。经过淘宝大数据的验证，它是淘宝页面上买家浏览量最高的模块，囊括淘宝页面的前三焦，即页面前三屏的内容。前三屏浏览量高，常用来展示活动的海报或单品海报，简单地说，就是放店铺重要信息的模块。图片轮播展示的是首页海报，下图的首页海报尺寸是950像素×250像素，为淘宝基础模块的默认海报尺寸，其中950像素是指海报的宽，250像素是指海报的高，高也可以在200~600像素之间任意设置。

淘宝美工常用的通栏海报尺寸，宽为1 920像素，高为500~800像素。

扩展知识——显示区域

显示区域是指不同尺寸的计算机屏幕所能看到的页面大小，宽屏显示器的显示区域比窄屏显示器的显示区域大。通常淘宝页面的显示像素宽为1 320像素或1 290像素，也就是说重要的信息会放在这个像素区域内（蓝色的线中间）。

2.1.3 功能版块区

海报栏下通常为功能版块，它是实现运营效果或营利目标的版块。这一版块的宽为1 920像素且主要内容要求放在显示区域内，对高没有限制，可根据内容自由设定。

功能版块占据页面的第二焦和第三焦，视觉地位很重要，因为前三焦的设计效果会影响访客的浏览兴趣。好的设计效果会吸引访客进行深层次的店铺页面信息浏览；反之，设计效果不好则会让访客失去浏览兴趣，甚至离开店铺页面。

较高的浏览量通常伴随相对较高的点击率，将有吸引力的运营活动展示在前三焦上会提高活动的效果。

2.1.4 商品区

功能版块后面是商品区域，该区域相当于实体店铺中的货架，主要起商品展示的作用。图中的商品区宽为750像素。

商品区域是店铺的核心区域，买家最终浏览的信息就是商品区域中的信息。所有的活动内容和运营策略都是建立在有商品出售的前提上的，因此，商品区的浏览便捷性很重要。

商品区通常将新品或有竞争力的产品放在商品区内靠前的位置，以方便访客进行浏览，提高成交量。

2.2 产品详情页面的组成部分

淘宝的新访客通常通过商品详情页进入店铺，详情页相当于线下商铺的门面大厅。详情页的页面效果影响访客对商品的下单率。访客通常在详情页做出选择后，才能进行下一步的选择。所以商品详情页不仅影响产品的销量，还影响店铺的整体浏览量。

详情页的内容并不是越多越好，内容过多，有时反而会使人厌烦。好的详情页不仅要有看点，还要表现商品的优点，以帮助买家了解商品的信息。

2.2.1 主图

主图是指商品特写图片，起商品展示的作用。不同类目的主图侧重点有所区别，服装等类目主要展示产品的风格和细节；数码产品等类目主要展示产品的质感和外观。

根据淘宝大数据的调查，有一部分人在淘宝购物时往往只看主图，或再加上看产品详情页的前几张图，所以主图对产品的销售很重要。主图的设计效果影响买家对产品的印象，主图展现不出产品的优势，就容易流失买家，导致买家离开页面；反之，如果主图效果过好，甚至与实物不符，就会引起买家的不满，出现退货等现象。因此，主图对产品的销量影响很大，做出与实物相符且促销效果好的主图尤为重要。

淘宝规定主图为尺寸大于640像素的正方形，当主图尺寸大于或等于740像素时，淘宝平台会自动为主图提供放大镜功能。

2.2.2 详情页

详情页中均是对商品的详细信息介绍，不同类目详情页的结构不尽相同，人们对日常生活中常见商品都有直观的印象，这类商品的介绍，如服装类目，首先注重的是服装穿上后的效果，其次是服装是否合身，最后才是服装的设计亮点、材质和工艺；又如数码类目，首先侧重的是商品性能和商品外观，然后是商品的品牌、售后保障和服务。详情页按结构大概分为以下几类。

1.店铺营销图

店铺营销图是为了提高店铺的销量或达到运营策略目标而设计的图片。店铺营销图有多种形式，常见的有活动介绍图和店铺宝贝推荐图两种。

如果不做详情页引流图，把详情页的流量消耗在单个产品上，其他商品就没有良好的访客流量和相应的商品切换机会，是一种浪费流量的做法。将流量合理地引入活动或引入其他商品，增加访客的浏览内容，对卖家和买家都是有利的。

商品详情页内容太过繁杂会引起买家厌恶，所以详情页的营销图片不宜太多，否则会影响买家浏览页面上的其他信息。

2.场景引导图

场景引导图又称为商品海报图，是商品展示到商品详细介绍的过渡图，将买家从商品浏览页面引入商品介绍页面中，从而推动买家购买商品。

3.产品尺寸图

产品尺寸图是对产品试穿者、产品尺码及试穿体验等信息的介绍图。在淘宝图片上很难看出产品的实际大小，即使有详细数字标明尺寸，买家依旧对产品的大小概念模糊，更多的是凭借生活中对该类产品的认知来感受产品的大小。而这一模块可以帮助买家做出初步选择。

服装类的尺寸图很重要，因尺码而退货是服装类目退货率高的一个重要原因。将服装的码数、码数是偏大还是偏小等细节，以及模特的肩宽、臂长等信息展现在页面上，以便买家参考，从而减少因尺码造成的退换货或交易失败。

物品类可以用生活中常见的物体来做对比，让商品的大小形象、具体，如在产品旁放上硬币等生活中常见物体做比较，可以直观地表现商品的大小尺寸。

试穿者	身高/cm	体重/kg	三围/cm	试穿尺码	试穿体验
Anne	150	44	82/65/88	S	面料柔软，穿着舒适
Ivan	159	52	86/67/90	M	版型好，穿着很时尚
Renee	167	56	87/69/94	L	款式好，整体效果有型

4.产品信息细化图（产品卖点图）

产品信息细化图是对商品具体信息的介绍图，让买家对商品有更深的认知。这一模块通过介绍产品的卖点来打动消费者，引起消费者的购买欲望。

要做好产品信息细化图需要对产品有全面的了解，知道产品的优缺点，把握买家对产品的想法，通过图片解决买家的顾虑，以促进买家的下单率。

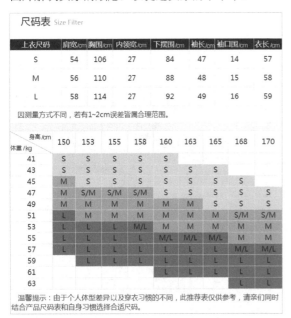

5.产品展示图

产品展示图是对商品全方位的图片展示，可视为主图的补充展示图。服装类目比较注重商品展示，服装类目对应的这一模块相当于服装界的T台，是能体现衣服上身效果的模块。

这一模块主要以图片为主，非服装类目要展示产品的各个角度；服装类目既要展示服装的上身效果，又要展示设计的细节和服装亮点等卖点。

2.2.3 侧边栏

侧边栏是宽度为190像素、高度不限制的内容补充栏，通常有两种形式的侧边栏，一种是功能性侧边栏，如宝贝搜索栏和宝贝分类栏；另外一种是展示性侧边栏，如淘宝排行榜。

侧边栏可以把访客流量导向店铺中其他产品，让访客流量扩散到整个店铺，让进店的访客浏览到更多的商品。侧边栏还可以将访客流量引到主推商品，打造爆款商品。

侧边栏常用在分类页和详情页中，因为详情页的浏览量很大，特别是爆款商品的详情页，所以添加侧边栏，将详情页的访客流量引至其他商品，可以促进其他商品的购买率。

2.3 分类页的组成部分

在分类页中能看到店铺所有的商品，并且能将商品按照卖家设置的种类进行分类设置。分类页的主要作用是将商品分类设置，方便买家查找商品。分类页能起到便捷浏览商品的作用，还能起到为商品引流的作用，是网店中不可或缺的页面。

在分类页中还可以添加其他的模块，但是不宜添加过多，因为繁杂的内容会影响买家浏览页面上的信息。

2.4 淘宝的手机端页面

淘宝的手机端页面与计算机端页面在结构上没有太大的区别，二者的主要区别是显示尺寸不同，手机端页面可以理解为计算机端页面的简化，也就是计算机端页面在手机端页面上的展示。手机端页面的宽为608像素，高可自由设置。

为了迎合移动端高速发展的时代趋势、抢占移动端巨大的经济市场，淘宝在2011年就推出了移动端界面，并在2015年实现移动端交易量超过计算机端交易量。

移动端的页面设计思维与计算机端的页面设计思维一脉相承。在注重营销目标的背景下，把握住店铺的品牌文化才是店铺发展的长久之路。

扩展知识——微淘动态

微淘动态是淘宝为加强买家与卖家之间的联系而建立的一种类似微博的交流对话形式。卖家可以在微淘上发布一系列信息，既可以是与店铺相关的话题，也可以是与店铺毫无关联的话题。

买家可以关注店铺的微淘号，可以在话题下点赞，或是发表自己的言论，还可以与其他买家交流探讨相关话题。

淘宝美工的好帮手 03

设计不仅需要有创意的思维和良好的沟通交流，还需要利用各种工具去实现脑海里的奇妙创意。利用图形处理软件强大的功能，不仅能完成生活中不能实现的效果，还能节省许多时间。软件是信息时代的一大特点，善用软件能让工作事半功倍。

3.1 认识Photoshop

1987年，托马斯编写了一款程序Display，用来解决计算机无法显示带灰度的黑白图像的问题。托马斯的兄弟约翰·诺尔在电影特殊效果制作公司Industry Light Magic工作，约翰·诺尔对托马斯的程序很感兴趣。两兄弟不断修改Display程序，最终形成功能强大的图像编辑程序——Photoshop。此后，Photoshop软件凭借其在图形处理上的优势，成为了图形处理的主流软件。

Photoshop软件默认的界面可以分为顶部、左侧、中间和右侧4个区域，每个区域有不同的界面规划。除了菜单栏以外，其他区域均可以自由移动。

3.1.1 顶部

Photoshop软件默认界面的顶部是【菜单选项栏】和【工具属性栏】。

【菜单选项栏】左边显示Photoshop的标志，中间有Photoshop软件大多数的操作菜单，如文件、编辑、图像、图层、滤镜等菜单，右边3个按钮分别是最小化按钮、最大化按钮和关闭按钮。

【工具属性栏】中是工具的一些属性选项，不同的工具所显现的选项不同。

3.1.2 左侧

左侧主要为【工具箱】，工具图标下有三角标记的图形，表示该工具下还有其他类似的选项。当选择使用某工具后，【工具属性栏】会展示该工具的属性选项。

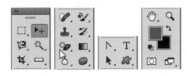

3.1.3 中间

中间为【工作区】，由【窗口】和【画布】组成，同时还可以选择性地添加其他辅助的功能，如尺寸标识等。【窗口】是工作的操作区域，【画布】是该工作窗口的显示区域。

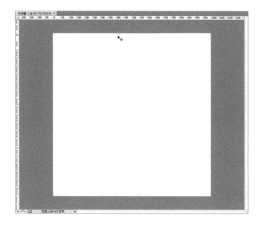

3.1.4 右侧

右侧由【调板窗】和【浮动调板】（调板区）组成。

【调板窗】存放不常用的调板。调板在【调板窗】中只显示名称，单击后才出现整个调板。

【浮动调板】用来存放常用的调板。调板在移动过程中有与其他调板自动对齐的功能，这个功能让界面整齐、有秩序。

3.2 建立工作区

打开软件后需要先创建工作窗口，之后才能进行其他操作。本章将讲解画布和图层的建立。

3.2.1 画布的建立

画布是指在Photoshop软件中可观察到的白色显示区域。Photoshop软件中的一部分操作能够影响画布外的内容，但最终保存下来的是画布中能够观察到的内容。简单地说，画布相当于绘画中的画纸，画笔可以画到画纸外，但最终保存下来的是画纸上的内容。

⟋ **操作演示**

提示 ↓

淘宝美工需根据网店页面尺寸的要求创建窗口，大多数时候预设栏可选择自定。这里页面尺寸为淘宝默认像素，颜色模式为RGB颜色。

扫描二维码观看教学视频！

第1步：打开Photoshop软件，单击左上角的【文件】>【新建】，弹出【新建】对话框，也可以用Shift+N组合键打开【新建】对话框。

第2步：在新建画布中，单击　　的下拉小三角，可以选择画布的标准尺寸。

3.2.2 图层的建立

【图层】是由一个个的图形或文字元素，按照顺序组合形成的画面。简单地说，【图层】是页面内容的组成部分。

类型：可以筛选同类的图层，有像素、调整、文字、形状和智能对象图层。

混合模式：图层像素的混合方式。

不透明度：调节图层的透明度。

锁定：锁定像素或全图。

填充：设置图层内容的透明程度。

执行【图层】>【新建】>【图层】命令或按Shift+Ctrl+N组合键，建立一个新的【图层】并弹出【新建】图层对话框。

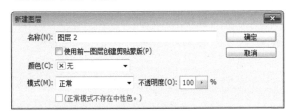

用鼠标右键单击【图层】，弹出图层选项栏，可以在弹出的图层选项栏里执行合并图层等操作。图层选项栏中的操作是对图层功能的补充。

3.3 商品的移动和选取

选框是用来在画布中单独选择一部分内容的工具，选框的表现方式为活动的虚线，也叫蚂蚁线。在设计过程中，常需要从其他的图片中提取合适的部分加以运用，在Photoshop中通常是用选框来完成的。图片的部分内容需要调整或进行其他操作时，可以先将要操作的部分用选框框选住，再进行操作，这些操作只会影响选框内的内容。

3.3.1 位置的移动

【移动工具】（快捷键为V）是用来移动图层在画布中的位置的。淘宝美工设计中可以用该工具来移动商品的位置。

单击【移动工具】，然后将鼠标指针置于要移动的物体上，按住鼠标左键不放，拖曳鼠标即可移动物体在画布中的位置。

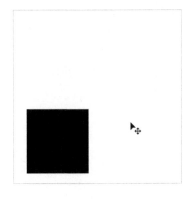

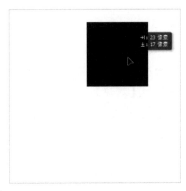

3.3.2 几何物品的选取

单击【矩形选框工具】■，按住鼠标左键不动，在弹出的菜单中可以切换其他形式的选框工具，或按Shift+M组合键切换选框工具。

1. 矩形选框工具

【矩形选框工具】■（快捷键为M）的选框为矩形，在淘宝抠图中用其选取规则的方形物体十分简便。单击【矩形选框工具】■，将鼠标指针置于画布上，按住鼠标左键不放，拖曳鼠标即可画出矩形选框。

提示 ↓

在拖曳鼠标时按住Shift键不放，可画出正方形选框。

2. 椭圆选框工具

【椭圆选框工具】○的选框为椭圆形，在淘宝抠图中用其选取椭圆形的物体十分简便。单击【椭圆选框工具】○，将鼠标指针置于画布上，按住鼠标左键不放，拖曳鼠标就能画出椭圆形选框。

提示 ↓

拖曳鼠标时按住Shift键不放，能画出圆形的选框。
单行选框工具和单列选框工具在淘宝美工设计中极少用到，本书就不多做介绍了。

3.3.3 复杂商品的选取

单击【套索工具】♢，按住鼠标左键不动，在弹出的菜单中可以切换其他形式的套索选框工具，或按Shift+L组合键切换套索选框工具。

1. 套索工具

【套索工具】♢（快捷键为L）会随鼠标的运行轨迹建立选框，这种选框的建立相对自由。在淘宝美工设计中常用它来提取白底的内容，并在白底的画布中再操作，适用于对抠图形状要求不高的情况。单击【套索工具】♢，将鼠标指针置于画布上，按住鼠标左键不放，拖曳鼠标，将要选择的部分框住，然后松开鼠标，完成框选。

2. 多边形套索工具

【多边形套索工具】☑的特征是用直线构成选框，在淘宝美工设计中常用于对抠图形状要求不高的情况。单击【多边形套索工具】☑，再单击画布选择选框的一个起点，接着选择下一个点，此时系统会自动将这两点连成一条线。用虚线将选取的内容框住，最后单击起点闭合该框线，形成选框。

3.磁性套索工具

【磁性套索工具】会随
鼠标运行的轨迹自动吸附在相近
颜色上形成选框。在淘宝美工设
计中，其可用于选取颜色差别较
大的物体。单击【磁性套索工
具】，然后在要选取的物体
上单击鼠标左键作为套索的起
点，接着随选取物的轮廓移动
鼠标，此时套索会自动吸附到
物体的轮廓上。

提示 ↓

轮廓与背景的颜色差别越大，吸附越精准。吸附出现错误时，可以按Delete键
删掉套索吸附的点，然后重新吸附。当系统识别不准确时，可以单击建立吸
附点。

3.3.4 商品的快速选取

单击【快速选择工具】，按住鼠标左键不动，在弹出的菜单中可以切换魔棒工

□ ☑ 快速选择工具   W
   ✎ 魔棒工具   W

具，或按Shift+W组合键切换这两个工具。

1.快速选择工具

【快速选择工具】会在两
种颜色或多种颜色中选择同一种
颜色的区域，适用于淘宝美工设计
中背景单一的物品选取。单击【快
速选择工具】，再单击要选取
的部分，就会建立选框。

2.魔棒工具

【魔棒工具】适用于选
择一种颜色中相同明度的颜色来
建立选框。常用来选取细小的物
体，如墨点等背景素材。单击
【魔棒工具】，鼠标指针变为
，然后单击要选取的部分，就
会建立选框。

3.4 图片的绘制和调整

Photoshop软件拥有强大的图片绘制和调整功能，用图片绘制功能可以实现关于网店页面的各种奇妙
创意，用图片调整功能则可以优化产品图片，增强店铺的风格，提高店铺设计的档次。

3.4.1 淘宝设计中的画笔

单击【画笔工具】 ，并按住鼠标左键不动，会弹出下拉菜单，菜单中包括【画笔工具】 、【铅笔工具】 、【颜色替换工具】 和【混合器画笔工具】 。

1.画笔工具

【画笔工具】 （快捷键为B）可以模拟生活中的画笔，通过调整笔尖、大小、硬度和压力等数据画出理想的画面。

用鼠标左键单击工具栏中的【画笔工具】 ，接着用鼠标左键单击画布，此时鼠标指针变为小圆圈，该圆圈可用键盘上的 [键和] 键控制笔触圆圈的大小。

提示 ↓

下一章节会详细讲解【画笔工具】 的各个细节。【铅笔工具】 和【画笔工具】 的区别不大，这里就不多做介绍了。

2. 颜色替换工具

【颜色替换工具】 是用一种颜色替换另一种颜色，但这两种颜色的明度是相同的。在替换颜色的时候，无论我们选择何种明度的颜色A，系统都会自动将颜色A转为与上一种颜色B的明度相同的颜色。例如，我们要用绿色去替换红色，红色的明度为95，系统会自动将绿色的明度设定为95。因此，【颜色替换工具】 是一种不稳定的颜色替换方法，结果会受原始颜色的明度影响。

✎ 操作演示

扫描二维码观看教学视频！

第1步：单击背景色，鼠标指针会变为【吸管工具】图标，单击吸取要进行改变的颜色，也就是将背景色设置成要进行改变的颜色。

第2步：单击前景色，在弹出的拾色器中选择要替换的颜色。然后选择【颜色替换工具】 ，在要替换颜色的部分上涂抹，以改变原有的颜色。

3.历史记录画笔工具

【历史记录画笔工具】 是在现有的效果下，去修改前面步骤中的操作，是一种很人性化的工具。

在作图中会遇到前面操作中有一些小细节没有处理好的情况，这个时候返回到处理细节的那一个步骤会丢失后面步骤的内容，面临两难的选择。【历史记录画笔工具】![icon]可以解决这个问题，既能处理好前面的细节，又能兼顾后面步骤的内容。

🖌 操作演示

扫描二维码观看
教学视频！

第1步： 把一张彩色图片进行去色和调整曲线处理后，要想让人物不去色，而背景去色，可以执行>【窗口】>【历史记录】命令，打开历史记录悬浮调整面板，然后在该面板中单击去色操作前一步的小方框，接着打开【历史画笔工具】。

第2步： 选择合适的笔尖，在画布中的适当位置涂抹，即可修改前面操作中的错误。

【历史记录画笔工具】![icon]虽然人性化，但历史画笔记录受计算机缓存的操作步骤限制，所以用到该功能的机会并不多。

> **提示 ↓**
> 【历史记录艺术画笔工具】![icon]和【历史记录画笔工具】![icon]用法差不多，【历史记录艺术画笔工具】![icon]能做一些其他效果，但实际工作中极少用到，本书就不多做介绍了，感兴趣的读者可以自行了解。

3.4.2 图片的修复

单击【污点修复画笔工具】![icon]右下角的三角形，在弹出的菜单中可以切换其他形式的工具，或按Shift+J组合键切换不同的修复工具。

> **提示 ↓**
> 【内容感知移动工具】![icon]和【红眼工具】![icon]极少用到，本书就不多做介绍了，有兴趣的读者可以自行了解。

> • 🖌 污点修复画笔工具　J
> 　🖌 修复画笔工具　　　J
> 　🩹 修补工具　　　　　J
> 　✂ 内容感知移动工具　J
> 　+◉ 红眼工具　　　　　J

1. 污点修复画笔工具

【污点修复画笔工具】![icon]（快捷键为J）是将周围的颜色替换到污点修复区内，主要用于清除照片上的脏点或污点。在服装类目中，常常要处理服装模特图，如处理斑点和痘痘，此时就可以使用【污点修复画笔工具】![icon]快速地去除斑点和痘痘。

操作演示

扫描二维码观看教学视频！

第1步：单击【污点修复画笔工具】，用 [键和] 键调节工具笔触的大小（也可以在污点修复工具属性栏的三角下拉选项中调节笔触的大小），让工具的笔触能盖住污点。

提示 ↓
【修复画笔工具】和【污点修复画笔工具】类似，唯一的区别是【修复画笔工具】可以定义源点而【污点修复画笔工具】不可以。定义源点复制后，如果定义源点与周围颜色差异过大，则会自动匹配周围的颜色进行过渡，因此，在实际运用中【修复画笔工具】和【污点修复画笔工具】没什么差别，本书就不多做介绍了。

第2步：将鼠标指针置于污点部分，按住鼠标左键不放，涂抹污点部分，然后松开鼠标，继续涂抹其他的污点，完成斑点的去除。

【污点修复画笔工具】修复的只是颜色，而没有修复该区域的肌理。简单地说，就是颜色修复了，但图案却没有修复。大面积的使用【污点修复画笔工具】会使图片修复区域的肌理丢失，让服装模特的皮肤没有纹理，看起来像陶瓷娃娃，所以要小面积地使用。

2. 修补工具

【修补工具】是将选定区域的肌理替换到要修补的区域，该工具是处理服装模特图的常用工具。因为【修补工具】将所选区域的肌理复制到要修补的区域中，限制了所选区域的肌理要契合修补区域的肌理，所以使得经过【修补工具】处理过的肌理较修补前更加细致。

操作演示

扫描二维码观看教学视频！

第1步：单击【修补工具】，鼠标指针会变为，按住鼠标左键不放，将要修补的地方圈起来。

第2步：将鼠标指针置于修改区域，按住鼠标左键不放，然后拖曳鼠标到取样点，松开鼠标，完成操作。

提示 ↓

在实际运用中，【修补工具】要将修补区域的颜色全部覆盖，否则会将修补区域的颜色稀释扩散，进而影响画面效果。

【修补工具】不仅能复制肌理，还能自动匹配周围的颜色，在淘宝美工设计中运用很广。

3.4.3 创意形状的绘制

淘宝美工设计工作中经常涉及图形绘制，通常淘宝美工会绘制矢量图形来丰富页面。矢量图形的特点是无论是放大还是缩小，都不会影响该图形的清晰度。钢笔工具栏、路径选择栏和矩形工具栏中都是与矢量图形绘制相关的工具。接下来讲解矢量图形绘制工具。

单击【钢笔工具】，按住鼠标左键，可弹出钢笔工具选项栏，可通过Shift+P组合键进行切换。

- 钢笔工具　　　P
- 自由钢笔工具　P
- 添加锚点工具
- 删除锚点工具
- 转换点工具

单击【路径选择工具】，按住鼠标左键，可弹出路径选择工具选项栏，可通过Shift+A组合键进行切换。

- 路径选择工具　A
- 直接选择工具　A

单击【矩形工具】，按住鼠标左键，可弹出矩形工具选项栏，可通过Shift+U组合键进行切换。

- 矩形工具　　　U
- 圆角矩形工具　U
- 椭圆工具　　　U
- 多边形工具　　U
- 直线工具　　　U
- 自定形状工具　U

1.钢笔工具

【钢笔工具】（快捷键为P）是创建路径的工具，常用来勾勒曲线。与其他勾勒曲线的工具相比，【钢笔工具】勾勒的曲线更自然平滑，并且【钢笔工具】勾勒的曲线可以通过自由操控来达到理想的效果。

操作演示

扫描二维码观看教学视频！

第1步：单击【钢笔工具】 ，在画布中单击选择曲线的锚点，接着按住鼠标左键不放选择曲线的下一个锚点，此时拖曳会形成拉伸线，同时两个锚点间的直线会根据拉伸线形成曲线，曲线的弧度可以通过拉伸线调整。

第2步：单击下一个锚点，此时，会根据拉伸线自动形成一条新的弧度线。【钢笔工具】 通过锚点、拉伸线来控制曲线的弧度，建立的曲线平滑自然。

第3步：在第一条曲线后画一条直线，需要取消拉伸线，才能画出直线。按住Alt键同时单击拉伸线处的锚点，取消该侧的拉伸线，接着选择锚点就能在曲线后接一段直线。

提示 ↓

【自由钢笔工具】 勾勒的曲线也是由锚点路径组成的，是随鼠标的运行轨迹而建立的。因其所建立的曲线不平滑，在实际工作中该工具运用较少，这里就不多做介绍了。

　　【添加锚点工具】 、【删除锚点工具】 及【转换点工具】 是对路径操作的补充，让路径操作更加自由。接下来介绍这几个功能。

　　首先画一个矩形，然后在Photoshop界面上方的矩形工具属性栏中单击路径，就能够显示该矩形的路径。

　　选择【添加锚点工具】 ，并单击要添加锚点的路径，即可添加锚点。

　　单击【删除锚点工具】 ，再单击要取消的锚点，即可删除锚点。

　　单击【转换点工具】 ，并将鼠标指针置于要转换的点上，按住鼠标指针不放，拖曳鼠标，即可将该点转换为曲线拉伸点。

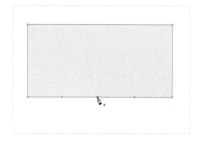

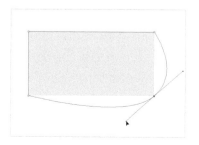

2.路径选择工具

【路径选择工具】▶（快捷键为A）用来选择路径和锚点，辅助路径操作，让路径操作更加自由。【路径选择工具】▶通常选择的是同一种路径的所有路径。

【直接选择工具】▶可以用来选择路径中的单个锚点，按住Shift键还可以选择多个锚点，拖曳鼠标左键，就能将鼠标指针拖过区域的锚点全部选中。

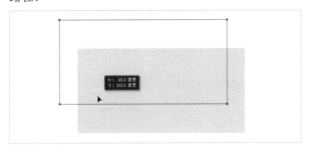

3.形状工具

Photoshop软件自带的形状绘制工具栏有【矩形工具】▢、【圆角矩形工具】▢、【多边形工具】▢、【直线工具】／和【自定形状工具】₰等。这些工具的用法相同，下面以【矩形工具】▢为例，讲解该工具的用途。

【矩形工具】▢（快捷键为U）是画矩形的形状工具。

◢ 操作演示

扫描二维码观看教学视频！

第1步：单击选择【矩形工具】▢，接着将鼠标指针置于画布上，按住鼠标左键不动并拖曳鼠标，就能在画布中建立一个矩形。

第2步：在矩形属性栏中调整属性，对矩形进行调整，如是否描边和描边大小或者是否填充等属性。

第3步：单击形状属性栏，可以在填充或描边下拉菜单中选择颜色，除了预设的颜色外还可以单击色板▢选取任意颜色。

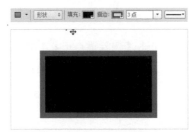

第4步：单击工具属性栏的 11.89 点 下拉小三角，在弹出的 中左右滑动小三角，调节矩形的边框大小。

提示 ↓

按住Shift键并拖曳鼠标，可以画出正方形。

用【圆角矩形工具】◻可以画出圆角矩形，用【椭圆工具】◯可以画出椭圆形，用【多边形工具】⬡可以画出任意边数的多边形，在形状属性栏 边数：3 选择边数，可画出对应边数的多边形。用【直线工具】／可以画出直线，按住Shift键可画出45°夹角的直线。用【自定形状工具】🐚可以画出预设好的形状。【自定形状工具】🌸还可以自定义设置，接下来做一个简单的自定义形状设置。

①用【钢笔工具】✒勾勒一个路径形状。

②执行【编辑】>【定义自定形状】命令，或用鼠标右键单击画布，在弹出的选项栏中选择【定义自定形状】，弹出【形状名称】对话框，输入形状名称，单击【确定】按钮，即可保存为预设形状。

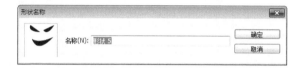

3.4.4 页面图片效果的调整

图片不同的表现方式对商品效果有巨大的影响，如模糊给人朦胧的感觉，黑白让人理性等。对商品效果的调整影响着人们对图片的感觉。下面介绍几种效果调整的工具。

用鼠标左键按住【模糊工具】◌不放，可以切换模糊工具栏中其他的工具。

用鼠标左键按住【减淡工具】◍不放，可以切换减淡工具栏中其他的工具。

- ◌ 模糊工具
- △ 锐化工具
- 💅 涂抹工具

- 🔍 减淡工具　O
- ✋ 加深工具　O
- 🧽 海绵工具　O

1.模糊/锐化工具

【模糊工具】◌的作用是把像素间的差别减小。相对于其他的模糊方式，用【模糊工具】◌进行模糊处理后很难恢复，使用时要谨慎选择。单击【模糊工具】◌，此时鼠标指针变为圆形，通过[键和]键调节圆的大小，然后按住鼠标左键不放，进行涂抹，完成模糊处理。

【锐化工具】△的锐化处理是加强像素间的反差，让画面更清晰。需要注意的是，合适的锐化可以让产品图片更清晰、更有质感，若锐化过度，则会生成不必要的噪点，反而影响产品的画面效果。单击【锐化工具】△，此时鼠标指针变为圆形，通过[键和]键调节圆的大小，然后按住鼠标左键不放，进行涂抹，完成锐化处理。

【涂抹工具】💅的作用是将像素做一个涂抹方向的延展，在像素的延展过程中会有一个模糊处理，淘宝美工设计中常用来制作毛发效果。单击【涂抹工具】💅，此时鼠标指针变为圆形，通过[键和]键调节圆的大小，然后按住鼠标左键不放，进行涂抹，完成涂抹处理。

2.减淡/加深工具

【减淡工具】 (快捷键为O) 是改变颜色的明度、饱和度和色相的工具，可让图像的颜色减淡、亮度提高，通常用来提高画面的明亮程度。

单击【减淡工具】，此时鼠标指针变为圆形，通过[键和]键调节圆的大小，然后按住鼠标左键不放，进行涂抹，完成减淡处理。

【加深工具】 和【减淡工具】 的原理类似，是改变颜色的明度、饱和度和色相的工具，可让图像的颜色加深、亮度减低，通常用来降低画面的明亮程度。

单击【加深工具】，此时鼠标指针变为圆形，通过[键和]键调节圆的大小，然后按住鼠标左键不放，进行涂抹，完成加深处理。

提示 ↓

【海绵工具】 是改变颜色饱和度的工具，可以局部降低颜色的饱和度，在淘宝美工工作中运用不多，本书就不多做介绍了，有兴趣的读者可以了解一下。

3.5 淘宝设计中的其他工具

Photoshop软件有一些针对性高的功能，这些功能简单且实用。

3.5.1 辅助工具

辅助工具是Photoshop中的辅助其他功能的工具，操作简单，功能单一，是淘宝美工操作中不可缺少的一部分。本节讲解Photoshop的辅助工具，常用的辅助工具有【吸管工具】 、【标尺工具】 、【抓手工具】 和【缩放工具】 。

1.吸管工具

【吸管工具】 (快捷键为I) 主要用于颜色的吸取，提取图片某一点的颜色信息。

单击【吸管工具】，鼠标指针会变为吸管工具图标，然后单击画布上要提取颜色的地方，即可在右上角的颜色信息版块查看具体信息（或在提取颜色的过程中，从拾色器里查看颜色的信息）。

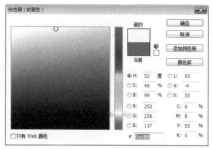

2.标尺工具

【标尺工具】可以标识页面中的距离参数，参数单位为当前工作区的单位。单击【吸管工具】，按住鼠标左键不放，在弹出的吸管工具栏的其他选项中可选择【标尺工具】。

单击【标尺工具】，然后单击要测量的一端，接着单击要测量的另一端，在工具属性栏中会显示本次测量的信息。

提示 ↓

吸管工具栏其余的工具在淘宝美工的工作中极少用到，本书就不多做介绍了。

3.抓手工具

【抓手工具】（快捷键为H，或按住主键盘的空格键不放）是视图的一种辅助工具，通常是在图放大到画布的显示范围外时，用来查看画面的其他部分。

当图片放大到画布显示范围外时，单击【抓手工具】，鼠标指针会变为手形状的图标，将鼠标指针置于画面上，按住鼠标左键不放，然后拖曳鼠标进行画面移动。

4.缩放工具

【缩放工具】（快捷键为Z）用来放大或缩小画面，满足操作者不同的需求。

单击【缩放工具】，鼠标指针变为放大镜图标，选择放大功能时放大镜的中间有"+"符号，然后单击画面进行放大。

要缩小画面，单击工具属性栏的（组合键为Alt+Z），鼠标指针变为放大镜图标，选择缩小功能时放大镜的中间有"-"符号，然后单击画面进行缩小。

3.5.2 橡皮擦

单击【橡皮擦工具】 ，按住鼠标左键不放，可以切换橡皮擦工具栏中的其他工具，组合键为Shift+E。

1.橡皮擦工具

【橡皮擦工具】 （快捷键为E）可以擦掉页面的像素，并填充为白色或将擦掉的地方变为透明，淘宝美工设计中常用橡皮擦辅助其他功能。

单击【橡皮擦工具】 ，鼠标指针变为圆形，可用键盘上[键和]键来调节圆的大小，然后将鼠标指针置于要擦除的部分，按住鼠标左键不放，接着拖曳鼠标涂抹，完成擦除。

提示 ↓

用【橡皮擦工具】 直接擦除背景色，需要在图层浮动调板处的 中单击锁定背景像素，以使擦掉的部分自动填充为背景色；若不锁定该选项，则擦除部分会消失。

2.背景橡皮擦工具

【背景橡皮擦工具】 可擦除与背景色相似的颜色，并形成透明背景。【背景橡皮擦工具】 还可以在一定程度上保护前景色，但是需要在背景橡皮擦工具的属性栏中勾上【保护前景色】复选框。

◢ 操作演示

扫描二维码观看教学视频！

第1步：单击【背景橡皮擦工具】 ，鼠标指针变为圆形，可用主键盘上的[键和]键来调节指针大小。

第2步：将前景色设置为保留的颜色，后景色设置为要去除的颜色。

第3步：将鼠标指针置于要擦除的部分，按住鼠标左键不放，并拖曳鼠标进行涂抹，完成擦除。

3.魔术橡皮擦工具

【魔术橡皮擦工具】 会自动选择与所选区域相同的颜色，并自动擦掉，形成透明背景。

3.5.3 仿制图章工具

【仿制图章工具】 （快捷键为S）的工作原理是将仿制源的颜色及图像复制到仿制区。

操作演示

扫描二维码观看教学视频！

第1步：按住Alt键的同时单击仿制源，此时鼠标指针变为仿制源的标识。

第2步：将鼠标指针置于图片中的内容上，按住鼠标左键不放并拖曳鼠标，把定义源的内容复制到空白区域。

【仿制图章工具】 的优势是能在已有的肌理上将肌理扩大，从而填充页面，使页面更完整。

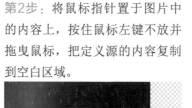

提示 ↓

单击【仿制图章工具】 右下角的三角形可以打开【图案图章工具】 ，组合键为Shift+S，【图案图章工具】 与【仿制图章工具】 类似，区别是【图案图章工具】不需要定义仿制源。【图案图章工具】的仿制源是一张设定好的图案。
【图案图章工具】在淘宝美工工作中很少运用，本书就不多做介绍了，有兴趣的读者可以自行了解。

3.5.4 文字工具

【文字工具】■（快捷键为T）的作用是在图形上添加文字，这是网店页面信息传达的重要一环。单击【文字工具】■，鼠标指针会变为【文字工具】■的图标。单击画布中需要添加文字的地方，就可以输入文字。

单击【窗口】>【字符】命令，或单击【文字工具】■属性栏的■图标，设置文字的属性。

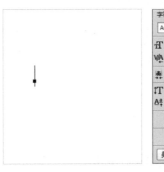

字体选择 Adobe 黑体... ▼：单击后面的下拉小三角，可以选择字体，网上有各种各样的字体，可以下载安装，把下载的字体格式文件放到电脑的字体文件夹中，再打开Photoshop软件，即可运用该字体。

字号设置 ■：字体选择下方是设置字体的字号，也就是字的大小。

行距设置：字号设置的右边是设置字的行距。行距设置就是设置上一行文字与下一行文字之间的距离。

间距设置：行距设置的下方是设置字的间距。形象地说，就是设置文字之间的距离。

特殊用法设置：如右上图中倒数第三行的设置为字的特殊用法设置，如加粗、倾斜等。在特定的情况中会用到。

单击【字符】右边的【段落】，可以设置文字的对齐方式和文字段落的格式。

单击【文字工具】■，按住鼠标左键不放，在弹出的选项中可以选择【横排文字工具】■或【直排文字工具】■，还可以单击【文字工具】■上方属性栏的■图标，切换横排文字或直排文字。

单击文字图层，或拖曳鼠标全选文字内容，然后单击【文字工具】属性栏上方的■图标，即可将横排文字变为直排文字。

单击【文字工具】■，按住鼠标左键不放，接着拖曳鼠标，就能够画出文本框。

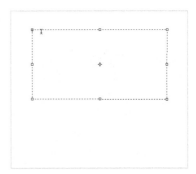

3.5.5 渐变工具

单击【渐变工具】■，按住鼠标左键不放，在弹出的对话框中，可以选择【油漆桶工具】■，也可以用Shift+G组合键切换。

1.渐变工具

【渐变工具】 ▣ 是一种颜色工具，快捷键为G。它能够在两种颜色相接的地方做一个颜色过渡，让颜色呈现自然的变化。

◥ 操作演示

扫描二维码观看
教学视频！

第1步：单击【渐变工具】 ▣ ，在【渐变工具】 ▣ 属性栏的 ▣▬▬ 中选择渐变的样式。

第2步：选择渐变样式后，鼠标指针会变为渐变的图标。然后在要进行渐变的画布一端按住鼠标左键不放，拖曳鼠标到要进行渐变的画布另一端，即可通过渐变指针控制渐变颜色。

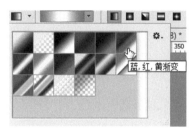

2.油漆桶工具

【油漆桶工具】 ▣ 是填充颜色的工具，通常用来填充图层或选框，填充的是前景色。

接下来做一个【油漆桶工具】 ▣ 的练习，先用选框工具勾画一个选框，然后单击【油漆桶工具】 ▣ ，按住鼠标左键不放，此时鼠标指针会变为油漆桶工具的图标，接着单击选框，就会将前景色填充到选框中。

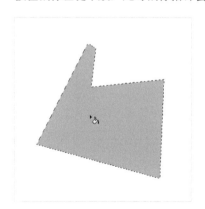

> **提示 ↓**
>
> 【3D材质拖放工具】 ▣ 在淘宝美工设计中极少用到，本书就不多做介绍，有兴趣的读者可以自行了解。

3.5.6 存储图片

单击Photoshop界面中的【文件】，在弹出的选项中有3种储存模式，分别为【存储】、【存储为】和【存储为Web所用格式】。

1.存储

【存储】是保存成相同的格
式，覆盖原本的文件，即用修改
后的图片替换原本的图片，并弹
出相应的属性选项对话框。

例如：图片格式原本为PSD文
件，【存储】就会用修改后的PSD
文件覆盖原本的文件。

2.存储为

【存储为】是以原文件为基
础创建一个新的文件，所创建的
新文件可以自由设置文件格式。

3.存储为Web所用格式

【存储为Web所用格式】就是储存为适用于网页颜色的图片格式，该格式能够减少颜色在网页显示上
的误差，是淘宝美工设计中常用的模式。

提示 ↓

第1步：执行【文件】>【存储为Web所用格式】命令，在弹出
的【存储为Web所用格式】中调整属性。

第2步：用鼠标左键单击【存储】按钮，在弹出对话框中
设置名称和存储位置，然后单击【保存】按钮即可。

淘宝美工的技能提升 04

本章讲解Photoshop操作中的重点，这些重点的实用性很强，能够解决淘宝美工设计工作中的很多问题。同时，这些内容相对复杂，需要大量练习才能掌握这些知识点，才能在工作中熟练地运用。

4.1 美工画笔详解

【画笔工具】相当于生活中的画笔，用其可以在软件中自由地绘制形状。接下来详细介绍软件中画笔的各项属性。

4.1.1 画笔预设

【画笔工具】的精髓是画笔预设中的笔尖。笔尖有很多种，可以自己制作，也可以从网络上下载其他人制作的笔尖。笔尖能记录颜色的明暗，因此能清晰地展示笔尖原型的形状，笔尖颜色通常为单色。

单击Photoshop中的【窗口】>【画笔预设】并单击【画笔预设】，在Photoshop的界面悬浮栏中会出现画笔预设悬浮栏，或在【画笔工具】使用状态下，在画布区域内单击鼠标右键，可弹出【画笔预设】的笔尖形状选项栏。

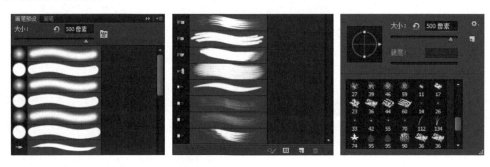

在画笔预设属性栏中可选择相应的笔尖形状。Photoshop自带的笔尖形状大概可分为3类。

第1类：圆形状的笔尖。圆形笔尖又可以分为两种，一种为硬边圆形笔尖，另外一种为柔边圆形笔尖。柔边圆形笔尖的边缘会有一个渐变的透明效果，能让笔尖与背景相融合。硬边笔尖则没有这种渐变的过渡，和背景色有明显的区别。

第2类：仿制生活中毛刷形状的笔尖。毛刷笔尖有很多种不同的笔触，能画出不同的痕迹。

第3类：拥有独立意义的形状笔尖。形状笔尖能快速地绘制形状，节省大量的工作时间。

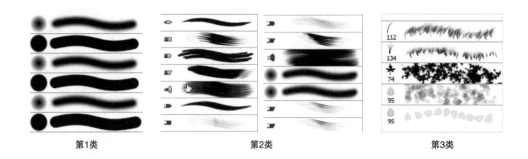

| 第1类 | 第2类 | 第3类 |

1.制作笔尖

制作一款合适的笔尖，能应对很多烦琐的工作，提高工作效率。

◢ **操作演示**

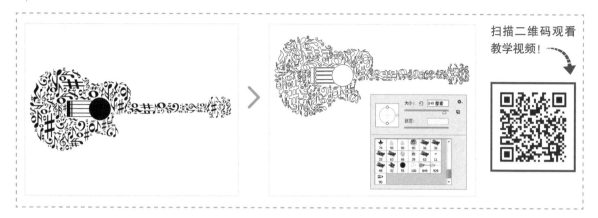

第1步：寻找素材，分析要做的形状笔尖，明确需要保留和去除的是什么部分。

第2步：单击【魔棒工具】，然后单击图片中的白色部分，接着用鼠标右键单击画布，在弹出的快捷菜单中选择【选取相似】命令，接着会将图中所有的白色部分创建为选框。

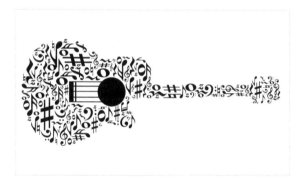

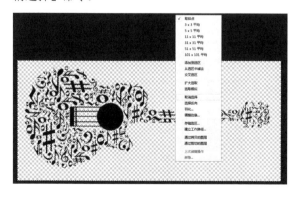

第3步：按Delete键删除白色选框中的内容，然后用鼠标右键单击画布，在弹出的快捷菜单中选择【取消选择】命令。

第4步：执行【编辑】>【定义画笔预设】命令，弹出画笔定义对话框，单击【确定】按钮，完成自设画笔。

　　需要注意的是笔尖通常为单色，并且是以颜色的明暗为基础。颜色的明暗又与笔尖的透明度成正比，颜色的明度越高，笔尖的透明度越高；颜色的明度越低，笔尖的透明度越低。

2.安装笔尖

在网上还可以下载许多有趣的笔尖，下载后如何安装到Photoshop中呢？接下来简单地介绍笔尖的安装。

打开【画笔预设】，在【画笔预设】右下角单击图，打开预设管理器。接着单击【载入】按钮，选择下载的笔尖文件即可。

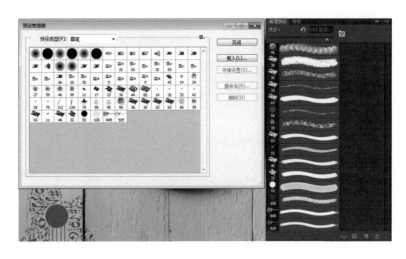

4.1.2 画笔

单击悬浮栏的 图 可弹出画笔功能栏，画笔功能栏能实现不同的效果。接下来介绍几种常用的效果。

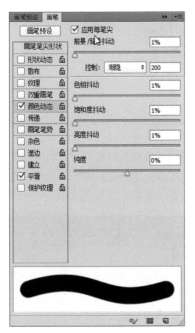

【形状动态】可自动对笔尖的大小及角度进行一些调整，运用该功能可以让笔尖排列不单调，让笔尖组合灵动自然。

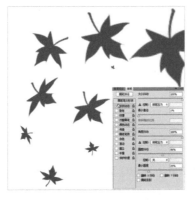

【散布】是用来调节笔尖的数量和笔尖间距的。【散布】通常和【形状动态】结合使用，让笔尖组合更加自然丰富。

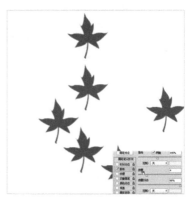

【纹理】用来加强形状笔尖的细节，让笔尖的细节更清晰。但是原本清晰的细节再加强，就会加深画面，影响画面的效果。

提示 ↓

选项之间互相影响、互相补充，配合合适的选项，能快速地解决工作中的问题。

4.2 强大的图层蒙版

Photoshop中的操作会影响整个工作区，要对画面部分区域进行操作就需要借助【图层蒙版】。【图层蒙版】是在需要进行局部操作的图层上添加一个虚拟的遮挡面，通过对虚拟遮挡面的黑白填充来选择画面需要的部分。在图层蒙版中填充黑色，图片中对应部分就会被隐藏；在图层蒙版中填充白色，图片中对应部分就会显示；在图层蒙版中填充灰色，图片中对应部分就会透明。

接下来将下面两张图做成一个蒙版拼图以展现绿色厨房的理念。

✐ 操作演示

扫描二维码观看
教学视频！

第1步：单击要添加蒙版的图层，然后单击图层选项栏下的 ▣ ，给图层添加蒙版。

第2步：选择【画笔工具】 ✐ 并将前景色设置为黑色，背景色设置为白色。然后在蒙版上进行涂抹。

【图层蒙版】运用很广，稍微复杂一点的图都有图层蒙版的影子，并且【图层蒙版】是一个虚拟的遮挡面，在【图层蒙版】上的操作不会损害原图。

4.3 淘宝特殊效果制作

【图层样式】的作用是模拟自然效果并给图层添加这些效果，如对图层设置阴影或添加发光效果，让图层呈现不同的效果。这些效果用其他的方式很难做出来，这些效果能够应用在普通的、矢量的和特殊属性的图层上。图层样式可以在图层间进行复制和移动，也可以存储成独立的文件。基于这些原因，【图层样式】大大提高了淘宝美工的工作效率。

用鼠标右键单击要添加特殊效果的图层，在弹出的快捷菜单中选择【混合模式】命令，就会弹出【图层样式】对话框。

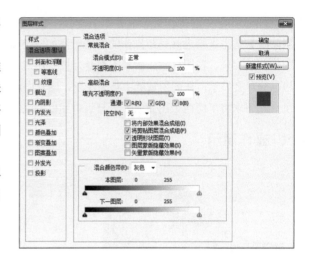

4.3.1 样式

【样式】中的效果是已经存储好的【图层样式】，可以从网络上下载其他的样式。这些样式效果可以直接运用，从而节省大量的工作时间。

单击【样式】右边的小齿轮 ✿，在弹出的选项中选择【载入样式】命令，然后选择下载的样式文件即可。

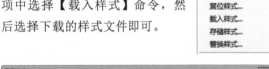

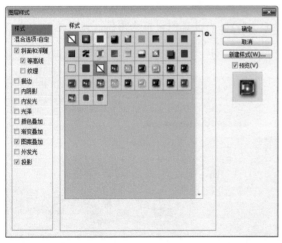

4.3.2 斜面和浮雕

【斜面和浮雕】的作用是给图层添加一个斜面，让图层有微微的立体效果，淘宝美工常用其来做字体效果，让字体更饱满。

单击【斜面和浮雕】，会展开【斜面和浮雕】的详细属性。

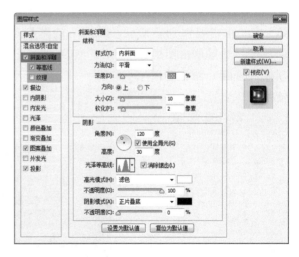

1.结构

单击【样式】后的下拉小三角，可以选择【内斜面】和【外斜面】等立体感塑造方式。

外斜面：在所选的方向外部增加一个斜面。

内斜面：在所选的方向内部增加一个斜面。

浮雕效果：在所选方向模拟浮雕的斜面。

枕状浮雕：在所选方向的一侧增加斜面。

描边浮雕：在所选方向的描边上增加一个斜面，前提是所选对象处在描边状态下。

2.等高线

单击【等高线】，在展开的等高线属性栏中，单击下拉小三角，可以选择预设好的等高线，单击等高线，弹出等高线控制曲线。

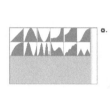
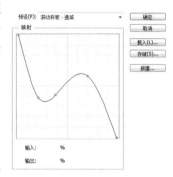

【等高线】能够控制斜面，让斜面变化更丰富。

3.纹理

单击【纹理】，在打开的纹理属性栏中，单击下拉小三角，接着选择背景图案。【纹理】是在图层上叠加一个图案的纹理。

单击图案右侧的 ✿.，在弹出的选项中选择【载入图案】命令，即可添加新的图案。

4.3.3 描边

【描边】是根据图层形状添加边框，淘宝美工常用其来加强文字信息。在【图层样式】选项栏中，单击【描边】，就会展开描边属性栏。

大小：控制边框的宽度，单位为像素。

位置：可选择边框处于文字的内部、外部和居中。

混合模式：这里不做过多介绍，后面会详细讲解。

不透明度：控制边框的透明程度。

颜色：控制边框的颜色。

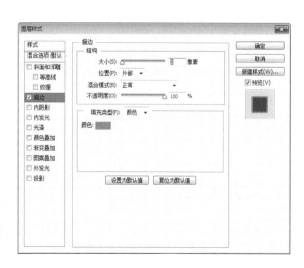

4.3.4 内阴影

【内阴影】是在图层的内部添加一道阴影，在淘宝美工工作中配合其他功能，可以让画面更细致。在【图层样式】选项栏下，用鼠标左键单击【内阴影】，就会展开内阴影的属性栏。

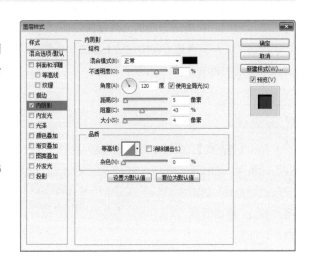

混合模式：这里不做过多介绍，后面会详细讲解。

不透明度：控制阴影的透明程度。

角度：选择阴影在图层中的角度（通常勾选【使用全局光】，将不会出现角度方向变化）。

距离：控制阴影与物体的距离。

阻塞：控制阴影的浓密程度。

大小：控制阴影的大小。

等高线：控制阴影的形状变化。

4.3.5 内发光

【内发光】是在图层的内部添加一道光，在淘宝美工工作中配合其他功能，可以让画面更柔和。在【图层样式】选项栏下，用鼠标左键单击【内发光】，就会展开内发光的属性栏。

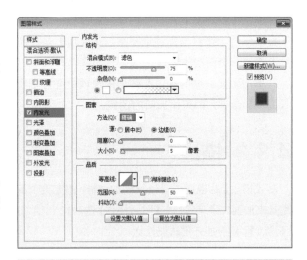

混合模式：这里不做过多介绍，后面会详细讲解。

不透明度：控制内发光的透明程度。

杂色：给内发光添加其他色。

⊙□▭▾：⊙□会发出单一颜色的光，单击小方框可更改光的颜色，▭可以发出渐变颜色的光，单击▭方框可选择渐变方式。

阻塞：控制内发光的明亮程度。

大小：控制内发光的大小。

等高线：控制内发光的形态变化。

4.3.6 光泽

【光泽】是在图层上添加一道光，在淘宝美工工作中配合其他功能，可以让画面更细致。在【图层样式】选项栏下，用鼠标左键单击【光泽】，就会展开光泽的属性栏。

混合模式：这里不做过多介绍，后面会详细讲解。

不透明度：控制光泽的透明程度。

角度：选择光泽在图层中的角度方向

距离：控制光泽与物体的距离。

大小：控制光泽的大小。

等高线：控制光泽的形态变化。

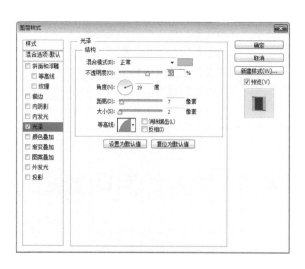

4.3.7 颜色叠加

【颜色叠加】是在图层上用一种颜色覆盖原本的颜色。在【图层样式】选项栏下，单击【颜色叠加】，就会展开颜色叠加的属性栏。

混合模式：这里不做过多介绍，后面会详细讲解。单击【混合模式】后面的小方框，可以选择覆盖的颜色。

不透明度：控制覆盖颜色的透明程度。

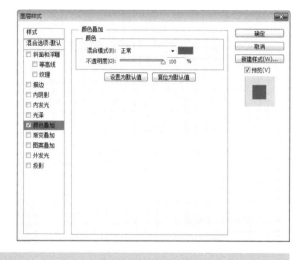

提示 ↓

【渐变叠加】、【图案叠加】、【外发光】与上文叙述的【颜色叠加】、【内发光】类似，此处不多做介绍。

4.3.8 投影

【投影】是给图层加上一个影子，淘宝美工常用其给主图加阴影，以增强主图表现效果。在【图层样式】选项栏下，单击【投影】，就会展开投影的属性栏。

混合模式：图层间像素的叠加方式。单击【混合模式】后面的小方框，可以选择投影的颜色。

不透明度：控制投影的透明程度。

角度：选择投影在图层中的角度方向（通常勾

选【使用全局光】，将不会出现角度方向变化）。

　　距离：控制投影与物体的距离。

　　扩展：控制投影的浓淡程度。

　　大小：控制投影的大小。

　　等高线：控制投影的形态变化。

4.4 美工的后期修图

　　【调整】版块主要是对照片记录的颜色、明暗等信息进行修改。【调整】版块的所有调整功能默认添加蒙版，所以调整模块上的操作不会对原图的信息造成损害。淘宝美工常用其来处理产品的摄影图，也就是说调整是后期修图操作中的主要部分。本节将对淘宝修图工作中运用较多的功能进行详细讲解，运用不多的将简单介绍。

4.4.1 亮度/对比度调整图层

　　【亮度/对比度】※是对图片的亮度和对比度信息进行修改，单击【亮度/对比度】※，弹出【亮度/对比度】※属性框。

　　亮度：控制图片的明亮程度。

　　对比度：控制图片亮与暗的对比程度。

◤ **操作演示**

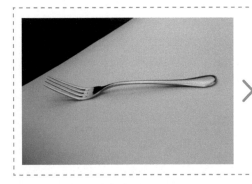  

扫描二维码观看
教学视频！

第1步：单击需要进行调整的图片图层，然后单击【亮度/对比度】※，就会在图片图层上添加一个亮度/对比度调整图层，并弹出【亮度/对比度】※属性框。

第2步：调节亮度和对比度的调节杆，拉到合适位置。

4.4.2 色阶调整图层

【色阶】██是对图片的色阶信息进行修改，单击【色阶】██，弹出【色阶】██属性框。

【色阶】██是图像亮度强弱的指数，指数范围为0~255。处于0的部分为亮，处于255的部分为暗。将操作杆从0调到255，图像会逐渐变暗；将操作杆从255调到0，图像会逐渐变亮。

4.4.3 曲线调整图层

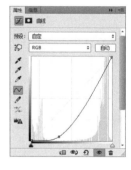

【曲线】██是对图片的颜色信息进行修改，曲线调整的功能十分强大，在淘宝美工的后期修图中会大量运用这一功能。单击【曲线】██，弹出【曲线】██属性框。

自定：预设的各种效果曲线。

RGB：可以单独选择调整红、绿和蓝的颜色信息曲线。

✈ 操作演示

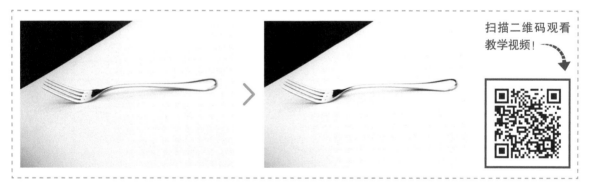

扫描二维码观看教学视频！

第1步：单击需要进行调整的图片图层，然后单击【曲线】██就会在图片图层上添加一个曲线调整图层，并弹出【曲线】██属性框。

第2步：单击对角线的中间点，然后单击对角线的中上部不放，向上拖曳到合适位置。

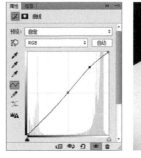

第3步：将鼠标指针置于对角线中下部，按住鼠标左键不放，向下拖曳到合适位置。

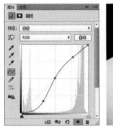

提示 ↓

向上拖动曲线超过对角线，画面会增加亮度；向下拖动曲线超过对角线，画面会变暗。

以图中的对角线为例，对角线的左下部分控制图片中较暗的部分，对角线的右上部分控制图片中较亮的部分。

4.4.4 自然饱和度调整图层

【自然饱和度】▽用于调整颜色的鲜艳度，单击【自然饱和度】▽，弹出【自然饱和度】▽属性框。

自然饱和度：改变背景或远景的颜色饱和度。

饱和度：为图片的颜色饱和度。

提示 ↓

自然饱和度调整图层通常用于调整大场景的风景图片，在淘宝美工中较少用到。

4.4.5 色相/饱和度调整图层

【色相/饱和度】■主要对颜色信息进行修改调整，它能对所选颜色进行加强、减弱甚至改变颜色处理，并且这些操作不会影响图像中其他的颜色，在淘宝美工修图时运用较多。单击【色相/饱和度】■，弹出【色相/饱和度】■属性框。

预设：事先设置的色彩调整方式。

■：选择需要进行颜色调整的对象。

色相：通过调节操作杆，改变颜色的色相。

饱和度：通过调节操作杆，改变颜色的鲜艳度。

明度：通过调节操作杆，改变颜色的明暗。

⟋ 操作演示

扫描二维码观看教学视频！

第1步：单击需要进行调整的图片图层，然后单击【色相/饱和度】██就会在图片图层上添加一个色相/饱和度调整图层，并弹出【色相/饱和度】██属性框。

第2步：单击██后的选择框，选择要调整的颜色。

提示 ↓

当所要调整的颜色不属于选择框中的颜色时，勾选 █着色，然后单击🖋，接着从图像中吸取要改变调整的颜色，调节操作杆即可。

第3步：将鼠标置于操作杆下的小三角，按住鼠标左键不放，左右拖动调节操作杆，控制颜色的变化。

4.4.6 色彩平衡调整图层

　　【色彩平衡】🞕用于对颜色的修改调整，它在色彩由三原色组合而成的定律上，把一个混合色中的组合色减弱，另外的一个组合色就会凸现增强。【色彩平衡】🞕在颜色调节上十分细致，常用于淘宝美工后期修图中的细节调整。单击【色彩平衡】🞕，弹出【色彩平衡】属性框。

　　色调：即图像中的高光部分、中间调部分和阴影部分。

　　青色–红色：操作杆向左移动青色会增加，青色的对应色红色就会减弱；操作杆向右移动，红色增加，青色减弱。

　　洋红色–绿色：操作杆向左移动洋红色会增加，洋红色的对应色绿色就会减弱；操作杆向右移动，绿色增加，洋红色就会减弱。

　　黄色–蓝色：操作杆向左移动黄色会增加，黄色的对应色蓝色就会减弱；操作杆向右移动，蓝色增加，黄色就会减弱。

◤ 操作演示

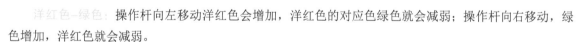

扫描二维码观看教学视频！

第1步：单击需要进行调整的图片图层，然后单击【色彩平衡】🎨就会在图片图层上添加一个色彩平衡调整图层，并弹出【色彩平衡】🎨属性框。

第2步：将鼠标指针置于青色栏操作杆下的小三角，按住鼠标左键不放，向左拖曳鼠标，即增加青色并减弱红色。

4.4.7 黑白调整图层

【黑白】◨是用来去掉图像的颜色的，淘宝美工用其来做黑白的效果。单击【黑白】◨，弹出【黑白】◨属性框。

预设：事先设置的色彩调整方式。

红色：能够控制红色转成黑白后的明度。

黄色：能够控制黄色转成黑白后的明度。

绿色：能够控制绿色转成黑白后的明度。

青色：能够控制青色转成黑白后的明度。

蓝色：能够控制蓝色转成黑白后的明度。

4.4.8 可选颜色调整图层

【可选颜色】◨是选择图像中的所有单一对应的颜色，并加以调整。在淘宝美工的后期修图中运用比较多。单击【可选颜色】◨，弹出【可选颜色】◨属性框。

颜色：可以选择要进行修改调整的颜色。

青色：可在所选择的颜色中添加青色和红色。

洋红色：可在所选择的颜色中添加洋红色和绿色。

黄色：可在所选择的颜色中添加黄色和蓝色。

黑色：可在所选择的颜色中添加黑色和白色。

提示 ↓

【调整】版块的其他调整功能，在淘宝美工工作中运用不多，本书就不多做介绍了，有兴趣的读者可以自行了解。

4.5 强大的滤镜

Photoshop软件能成为图形制作的主流软件，【滤镜】起了重要作用。用【滤镜】能对图像做各种特殊效果，【滤镜】中不仅有各种不同的效果选项，还可以添加新的滤镜效果插件。

4.5.1 滤镜库

　　【滤镜库】是Photoshop软件中已经设置完成的效果，可以直接运用到图像中。单击要进行滤镜库操作的图层，然后执行【滤镜】>【滤镜库】命令，弹出滤镜库，选择需要的滤镜即可。在美工的工作中，滤镜库是使用比较频繁的功能。

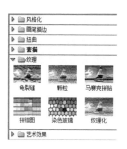

4.5.2 液化

　　【液化】能够挤压或扩张像素，将图像做一个局部调整，在淘宝美工工作中常用来修改服装模特图。

◢ 操作演示

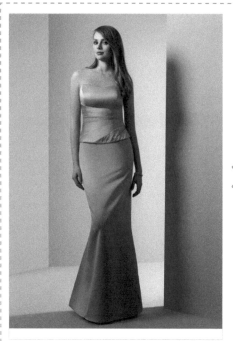 

扫描二维码观看
教学视频！

第1步：打开素材图像，单击需要液化的图层，执行【滤镜】>【液化】命令，画面会跳到液化界面。

第2步：单击左侧工具箱中的【向前变形工具】 ，调整为较大的画笔，分别在人物腰部图像两侧按住鼠标左键向内拖曳，将腰部和手臂整体变瘦。

第3步：选择【冻结蒙版工具】 ，对人物手臂进行涂抹，涂抹的区域将会被红色覆盖。

第4步：选择【向前变形工具】 ，再将腰部图像向内收缩，这时红色区域由于被冻结将不受影响，单击【确定】按钮，即可完成操作。

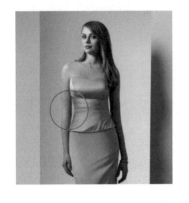  

4.5.3 模糊

　　【滤镜】中的【模糊】有场景模糊、动感模糊和高斯模糊等不同效果。在淘宝美工工作中常用到光圈模糊、动感模糊和高斯模糊。

场景模糊...
光圈模糊...
移轴模糊...

表面模糊...
动感模糊...
方框模糊...
高斯模糊...
进一步模糊...
径向模糊...
镜头模糊...
模糊
平均

1.光圈模糊

　　【光圈模糊】是模拟相机中的虚焦效果，用远处物体的虚化来强化近处物体的视觉展现力。

◥ 操作演示

扫描二维码观看教学视频！

第1步：单击要添加【光圈模糊】的图层，然后执行【滤镜】>【模糊】>【光圈模糊】命令，会进入光圈模糊界面。

第2步：单击椭圆的中心，可以选择光圈模糊的中心。

第3步：将鼠标指针置于椭圆的框线上，按住鼠标左键不放，拖曳鼠标可以调节椭圆光圈的形状。

第4步：通过【光圈模糊】下的模糊操作杆，可以调节模糊的程度，还可以直接输入模糊数值。

2.动感模糊

【动感模糊】是模拟运动时出现的模糊效果，淘宝美工工作中常用来展示产品的动感。

◢ 操作演示

扫描二维码观看教学视频！

第1步：单击要添加【动感模糊】的图层，执行【滤镜】>【模糊】>【动感模糊】命令，弹出【动感模糊】对话框。

第2步：单击◑的指针可以调整动态模糊的方向，调节操作杆或在【距离】后输入模糊值可以调节模糊程度。

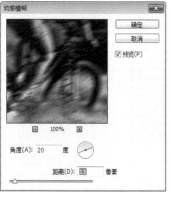

3.高斯模糊

【高斯模糊】能够保留轮廓、降低细节表现力，在淘宝美工工作中常用来做基本的模糊效果。

操作演示

扫描二维码观看
教学视频！

第1步：单击要添加【高斯模糊】的图层，执行【滤镜】>【模糊】>【高斯模糊】命令，会弹出【高斯模糊】对话框。

第2步：将鼠标指针置于操作杆上的小三角上，按住鼠标左键不放，进行拖曳，或在【半径】后输入模糊值，可以控制模糊程度。

提示 ↓

其他的模糊工具，在淘宝美工工作中运用不是太多，本书就不做介绍了，有兴趣的读者可以自行了解。

4.5.4 扭曲

【扭曲】是将图像做不同的扭曲效果，如波浪、波纹和挤压等。淘宝美工工作中会用其来做一些特定的图，但运用并不多。这些效果的操作区别并不大，下面以水波为例，做一个水波的操作演示。

波浪…
波纹…
极坐标…
挤压…
切变…
球面化…
水波…
旋转扭曲…
置换…

操作演示

扫描二维码观看
教学视频！

第1步：用选框工具将要添加水波的区域框选出来。

第2步：单击要添加【水波】效果的图层，然后执行【滤镜】>【扭曲】>【水波】命令，会弹出【水波】对话框。

第3步：单击【数量】和【起伏】的操作杆，调节水波的波纹数量和波纹的高低，然后单击【确定】按钮即可。

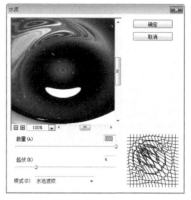

提示 ↓

【扭曲】中各种效果的操作方式大多一样，而具体的属性会因为不同的效果而有所变化，因为淘宝美工工作中对【扭曲】的应用不是太多，本书就不多做介绍了。

4.5.5 像素化

　　【像素化】是一种减少图像细节的处理方式，主要有马赛克、晶格化等效果。在淘宝美工工作中，有时候会用到马赛克效果。下面的两张图是应用【马赛克】的操作演示。

彩块化
彩色半调...
点状化...
晶格化...
马赛克...
碎片
铜版雕刻...

◤ 操作演示

扫描二维码观看教学视频！

第1步：用选框工具将要添加马赛克的区域框选出来。

第2步：单击要添加马赛克效果的图层，然后执行【滤镜】>【像素化】>【马赛克】命令，会弹出【马赛克】对话框。

第3步：单击【单元格大小】的操作杆可以控制马赛克的大小程度，然后单击【确定】按钮，最后取消选区即可。

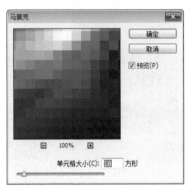

提示 ↓

【像素化】中的效果，操作方式大多一样，而具体的属性会因为不同的效果而有所变化，因为淘宝美工工作中对【像素化】的应用不是太多，本书就不多做介绍了。

4.6 颜色通道

【通道】是根据颜色的明度来显示图像的颜色信息值，不同的颜色模式有不同的通道。在淘宝美工工作中【通道】通常用来创建选区，提取商品的形状。

按住Ctrl键不放，单击通道，即可在该通道上建立选区，然后执行【选择】>【反向】命令或按Shift+F7组合键，可以将选区选定为黑色部分。

提示 ↓

在通道中，黑色表示该颜色的明度较深，灰色表示明度较浅，白色表示没有明度，也就是没有颜色信息。所以通道中通常提取黑色和灰色的部分。

正常	
溶解	效果模式
变暗	
正片叠底	
颜色加深	四暗模式
线性加深	
深色	
变亮	
滤色	
颜色减淡	四亮模式
线性减淡（添加）	
浅色	
叠加	
柔光	
强光	
亮光	饱和度模式
线性光	
点光	
实色混合	
差值	
排除	整集模式
减去	
划分	
色相	
饱和度	
颜色	颜色模式
明度	

4.7 神奇的混合模式

【混合模式】是图层的一种属性，也是图层间像素的融合方式，可以分为6个大类27种混合方法。

混合模式可以这样理解：第一个图层的颜色为基色，第二个图层的颜色为混合色，最终展现的效果为结果色。然后根据不同的混合规则混合出不同的效果。

4.7.1 溶解

【溶解】是基色和混合色在像素的不透明度上随机替换，简单地说，就是基色和混合色随着图层的不透明度而随机地叠加像素。在淘宝美工工作中常用来制作星空类的背景。

操作演示

扫描二维码观看
教学视频！

第1步：创建一个黑色图层和一个白色图层。

第2步：选择【混合模式】的【溶解】并把【不透明度】调为1%。

4.7.2 变暗

【变暗】是把两个图层中较暗的颜色变为结果色，在淘宝美工工作中用来处理白底图。

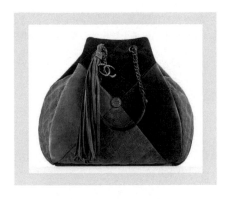  

4.7.3 线性光

【线性光】是将图层中明度亮的部分提亮并作为结果色，在淘宝美工工作中通常用来制作光效。

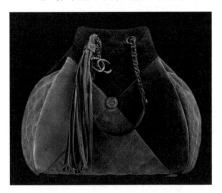  

提示 ↓

【混合模式】中各种混合方法的操作区别并不大，本书就不一一介绍了，有兴趣的读者可以了解一下。

图片的后期美化 ⑤

淘宝店铺对图片的后期美化，绝不是夸大产品的虚假宣传。一家店铺的良久发展是不能靠虚假宣传来获得的。后期修图原本是对摄影的一些后期补充，在淘宝美工工作中更多的是为了让摄影的产品图片与实物保持相同的特征，以减少图片与实物不符合所带来的顾客投诉。淘宝店铺对产品的适当美化，可以增强产品的视觉效果。

5.1 颜色的基础知识

颜色是物体反射的光在人眼中的感受，生活中的阳光是由3种光混合而成的，而这3种光称为光的三基色，这3种光混合在一起会形成白色的光；生活中的各种颜色可以用3种颜料混合形成，这3种颜料的颜色色称为颜料的三原色，这3种颜色混合在一起会形成黑色。

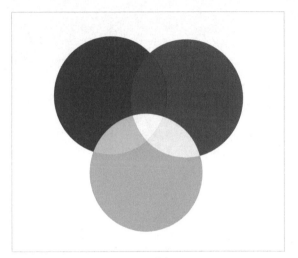

光的三基色

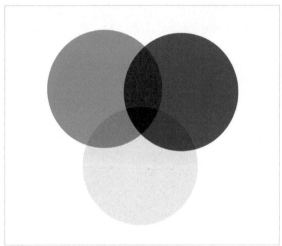

颜料的三原色

5.1.1 色彩的基本要素

生活中的颜色可以由颜料的三原色混合而成，这些颜色具有以下特征。

（1）由任意两个原色混合成的颜色，称为间色，如红黄生成的橙色，红蓝生成的紫色等。

（2）除两个原色生成的颜色外，由其他的颜色混合生成的颜色，称为复色。

（3）色相是人对颜色最明显的感觉，如红、橙、黄、绿、青、蓝、紫，就是色相。

红蓝生成的间色（紫色）

多种颜色生成的复色

色相

（4）饱和度是颜色的鲜艳程度。颜色越鲜艳，饱和度越高；颜色越灰越浅，饱和度越低。

（5）明度是颜色的深浅程度。明度越高，颜色越亮；明度越低，颜色越暗。

（6）光源色是光源发出的光的颜色。

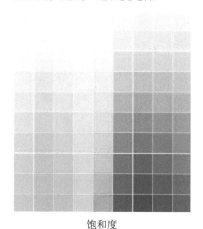

饱和度

明度

光源色

（7）固有色是物体给人直观感受的颜色，是物体反射的光的颜色，这种光受光源颜色的影响。

（8）环境色是周围颜色对物体颜色的影响，环境色的强弱受物体材质的影响。

固有色

环境色

5.1.2 色彩的冷暖和情感

颜色是人们对世界最直观的感觉，而这些感觉往往让人联想到不同的自然事物，例如，红黄让人联想到温暖的太阳，蓝色让人联想到冰冷的大海，绿色让人联想到森林。这些基于文化对自然事物的感觉，就逐渐延展到最能直观表达自然事物特征的颜色上。因此，相应的颜色就有了与事物相应的心理感觉。

1.暖色调

通常将以红色系、黄色系为主的颜色称为暖色。暖色并不具备温度，只是心理感觉上的温暖。例如，红色常让人联想到热闹、活跃，使人产生冲动的情绪，在淘宝美工工作中暖色调用来促进人们的购物欲望。

2.冷色调

以蓝色系为主的颜色称为冷色调。冷色同样不具备温度，只是心理感觉上的寒冷。例如，蓝色让人联想到天空、大海，让人更加理智，在淘宝美工工作中冷色调常用来展现商品的质感。

3.中性色

以绿色系和紫色系为主的颜色称为中性色。中性色没有太多的温度的直观感受，更多的是对其他事物的感受。例如，绿色表示自然健康的心理感受。淘宝上，中性色常用来展现产品健康的理念。

提示 ↓

红色：喜庆活跃的颜色，容易产生冲动的情绪，是一种强有力的心理感受。

橙色：激奋的颜色，可以勾起人的食欲，具有轻快、欢欣、热烈、温馨的效果。

黄色：具有温暖感，能够表现快乐、希望、智慧和轻快的感觉。

绿色：中性色，具有宁静、健康、安全的感觉。

蓝色：具有凉爽、清新、平静、理智的感觉。

紫色：给人神秘、压迫的感觉。

黑色：具有深沉、神秘、寂静、悲哀、压抑的感觉。

白色：具有洁白、明快、纯真、圣洁的感觉。

灰色：具有平凡、温和、谦让、中立和高雅的感觉。

4.颜色搭配

颜色搭配按色相分为单色搭配和复色搭配。单色搭配是对同一种颜色不同明度的搭配；复色搭配是将多种颜色按照间色、对比色等颜色特征进行的搭配。

颜色值RGB：13BBA4蓝绿色的对比色搭配。

颜色值RGB：13BBA4蓝绿色的单色搭配。

颜色值RGB：13BBA4蓝绿色的间色搭配。

颜色值RGB：13BBA4蓝绿色的类似色搭配。

 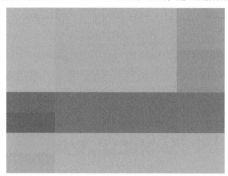

5.不同感觉的配色

不同颜色的搭配给人不一样的感受，这些感受是相对的，受人们的经历和偏好的影响。网络上有在线颜色搭配工具，可以帮助淘宝美工进行配色，还有许多值得称赞的颜色搭配案例，值得我们参考学习。

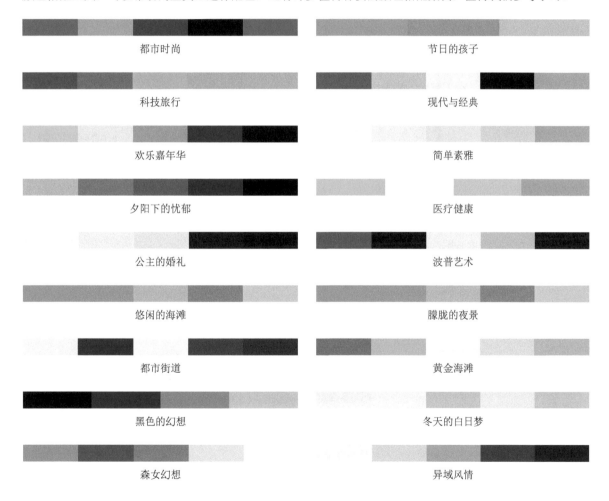

都市时尚	节日的孩子
科技旅行	现代与经典
欢乐嘉年华	简单素雅
夕阳下的忧郁	医疗健康
公主的婚礼	波普艺术
悠闲的海滩	朦胧的夜景
都市街道	黄金海滩
黑色的幻想	冬天的白日梦
森女幻想	异域风情

5.2 页面图片调整

淘宝页面的图片通常有尺寸的要求，一张图片要放在页面上不同的位置，就需要对图片进行相应的调整。图像是由一个又一个有颜色的小方格组成的，将图像放大到一定程度看见的就是一个个有颜色的小方格，却看不见图像具体的内容。所以以图像只有在该图像的像素范围内放大或缩小，才有意义。

5.2.1 修改图像大小

在淘宝美工设计工作中，页面对图片的大小往往有所限制。为了方便顾客的浏览，就需要对拍摄图片的大小进行修改调整。接下来把下面这张800像素×800像素的图调整为400像素×400像素的图。

✈ 操作演示

扫描二维码观看
教学视频！

第1步：用鼠标左键单击图片不放并拖曳鼠标，将图片拖曳到Photoshop工具属性栏后的空白部分，就能创建一个图片尺寸大小的工作窗口。

第2步：执行【图像】>【图像大小】命令或按Ctrl+Alt+I组合键，弹出【图像大小】对话框。

第3步：在【宽度】后输入400，高度会自动等比例变化，然后选择单位为像素，单击【确定】按钮即可。

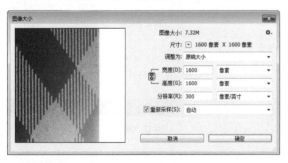

提示 ↓

【图像】中的【图像大小】和【画布大小】的区别是，【图像大小】是图像原本的大小，【画布大小】是画布设定的大小，即保存后整体图片的大小。

5.2.2 裁剪图片

淘宝中起到重要作用的主图，通常为740像素以上的正方形图，如果图片比例为3∶2且留白较多，这就需要把图片裁剪为合适的正方形。剪掉多余的部分，能让主体更加突出，让买家的注意力更加集中。

✈ 操作演示

接下来做一个裁剪图片的练习。

扫描二维码观看
教学视频！

第1步：将鼠标指针置于图片上，按住鼠标左键不放，将图片拖曳到工具属性栏后的空白部分，就能创建一个图片尺寸大小的新工作窗口。

第2步：单击【裁剪工具】▣.（快捷键为C），在工具栏中输入裁剪尺寸800像素×800像素，工作区会出现800像素×800像素的裁剪框。

第3步：将鼠标指针置于要裁剪的图片上，按住鼠标左键不放，此时拖曳鼠标可以选择裁剪的内容，最后单击✔，就会把图片裁剪为800像素×800像素。

提示 ↓

在淘宝美工工作中，当有大量的主图需要裁剪时，可以用【动作】来代替操作步骤，提高图片裁剪的效率。

第1步：执行【窗口】>【动作】命令，打开【动作】悬浮框。

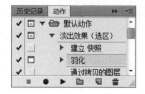

第2步：单击 ▣，创建新的动作组，在弹出的对话框中命名动作。

第3步：单击 ☰ 动作选项栏，在弹出的选项中选择【新建动作】命令。

第4步：单击【新建动作】后，在弹出的对话框中给该动作命名，然后单击【记录】按钮。

第5步：单击【记录】后，接下来的操作会记录到动作中。

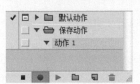

第6步：将要记录的动作记录后，单击 ■ 按钮，就能停止操作的录制。

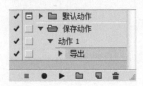

动作录制好以后，只需要单击 ▶ 按钮，播放动作，就可以实现录制的操作，从而节省大量的时间。

5.2.3 图像调正

在淘宝产品的拍摄过程中，产品图会由于摄影构图的原因而倾斜。当淘宝美工工作中不需要这种斜构图时，就需要将这种倾斜的图调正。接下来做一个倾斜图调正的练习。

◤ 操作演示

> 扫描二维码观看教学视频！

第1步：单击图片图层后的 🔒，弹出【新建图层】对话框，单击【确定】按钮解锁该图片图层。

第2步：选中图片图层，执行【编辑】>【自由变换】命令或按Ctrl+T组合键，弹出自由变换菜单，选择【旋转】命令，然后将鼠标指针移到图片的边角上，就能旋转图片。

第3步：单击 ✔ 完成旋转，接着裁掉空白部分，完成图片矫正（空白部分可以裁剪掉，也可以用【图章工具】补充完整）。

5.3 图片的美化修图

拍摄产品图片后，需要对产品图片进行美化修图，这也是淘宝美工工作量大的一个原因，并且化妆类目和服装类目对修图普遍要求比较高。

5.3.1 产品修图

这里主要指非服装类的产品修图，这类产品多为室内拍摄的静物，拍摄相对容易，后期修图也相对简单。化妆品等强调质感的产品需要将产品的光泽进行加强，以体现商品的品质。下面以化妆品为例进行修图练习。

◤ 操作演示

扫描二维码观看
教学视频！

第1步：原图颜色偏灰偏亮，色彩不够鲜艳，导致玻璃材质的质感不强，背景的灰调与产品不搭，展现不出产品的质感。这些问题用【调整】模块就可以解决。

第2步：由于图片偏亮，需要将画面变暗，增加图片的清晰度。单击图片图层，然后在右侧悬浮栏的【调整】模块中单击【曲线】，用【曲线工具】将图片调暗。

第3步：继续选择【曲线】，在【预设】中选择【中对比度（RGB）】，对产品的质感进行强化。

第4步：选择【色相/饱和度】调整图片中的颜色饱和度，让图片的颜色更鲜艳（不过不能改变产品颜色的色相，否则者会导致图像与实物不符而遭到投诉）。

第5步：去除原有的背景，可以选择【黑白】。去除画面原本的颜色，但要保留产品的颜色。给该图层添加蒙版，并在蒙版中将产品部分涂黑，就会保留产品的颜色。

第6步：添加一个紫色的【照片滤镜】让画面的色彩更加统一。

提示 ↓

到了这一个步骤，在产品的调色修改上，不再需要过多的调整。但是还可以为产品绘制倒影，凸显产品的品质。

第7步：按Shift+Ctrl+Alt+E组合键选择盖印可见图层，执行【编辑】>【自由变换】命令（组合键为Ctrl+T），然后用鼠标右键单击盖印的图层，在弹出的菜单中选择【垂直翻转】命令并调整位置，接着用【蒙版】工具擦掉多余的部分，并调整该图层的不透明度。

第8步：对图片进行锐化，加强图片的效果。按Shift+Ctrl+Alt+E组合键选择盖印可见图层，执行【滤镜】>【其他】>【高反差保留】命令。

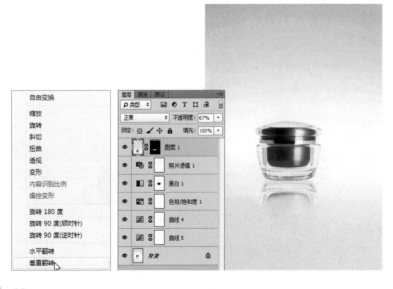

提示 ↓

【高反差保留】是删除图片中颜色变化不大的部分，将变化较大的部分保留下来，结合混合模式，可以增强细节。

原图　　　　　　　　　　　　　　　　高反差保留图

第1步：用鼠标右键单击背景图层（组合键为Ctrl+J），复制要执行【高反差保留】命令的背景图层。

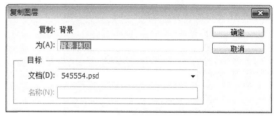

第2步：选择【背景拷贝】图层，执行【滤镜】>【其他】>【高反差保留】命令，在弹出的对话框中，把【半径】设置为2.0像素，单击【确定】按钮，图片会变为带痕迹的灰色。

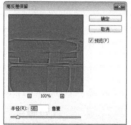

第3步：将高反差保留图层的混合模式改为【线性光】，并调整高反差保留图层的不透明度。

5.3.2 服装修图

　　淘宝的服装常用模特来展示，而模特的拍摄主要为影棚拍摄和街拍两种。影棚拍摄服装模特的光线较为统一，修图就相对简单；街拍服装模特的光线比较复杂，修图也相对复杂。对服装模特的修图可以分为两个部分，即修形和调色。接下来用下面这张图来做一个时尚街拍服装模特的修图练习。

◢ 操作演示

扫描二维码观看
教学视频！

第1步：对模特进行修形，用【修补工具】◉圈出衣服上的折褶，然后将鼠标指针置于修补区域，按住鼠标左键不放并拖曳鼠标就能将拖曳处的纹理过渡到要修补的褶皱区域（褶皱过多会影响服装的品质）。

第2步：对模特的身高及体型进行调整（模特的形象对服装有一定的影响），执行【滤镜】>【液化】命令，在弹出的对话框中选择【向前挤压工具】◙，完成对腿部的调整。

第3步：按Ctrl+Shift+N组合键创建一个空白图层，然后将一个类似口红的颜色填充到前景色，选择【画笔工具】✐并用【柔边圆】笔尖对嘴唇进行涂抹上色，接着将图层的混合模式改为【变暗】，并调整图层的【不透明度】，就能加强模特的唇色，以增强图片的时尚感。

第4步：单击图片图层，然后在右侧悬浮栏的【调整】模块中选择【曲线】，用【曲线工具】调亮图片。

第5步：继续在【调整】模块中选择【曲线】，在曲线属性栏的【预设】中选择【中对比度（RGB）】，增强画面的层次感。

第6步：在右侧悬浮栏的【调整】模块中选择【曲线】，将【曲线】中的曲线下拉调暗，然后在蒙版上选择【画笔】，并用柔边圆笔尖涂抹遮掉不需要调暗的部分。

第7步：单击"曲线3"图层，然后按Shift+Ctrl+Alt+E组合键选择盖印所有可见图层，接着执行【滤镜】>【其他】>【高反差保留】命令，再将图层混合模式改为【柔光】。

提示 ↓

这个素材的模特很专业，图片拍摄也很专业，所以后期的修图就很简单，实际工作中的淘宝模特很多是兼职模特，后期的修图中会有很多的调整。图片的拍摄会因环境、天气等因素的影响，导致图片与实物的颜色有所偏差，在后期调色时，通常会拿服装的颜色与计算机上显示的颜色进行对比，以保证图片的颜色与实物相符。

5.4 淘宝模特实拍修图

素材位置	素材文件>第5章素材
技术掌握	修补、液化、矩形选取、自由变换、画笔、蒙版、曲线、亮度/对比度、色相/饱和度工具

淘宝模特实拍修图是一种典型的商业修图，要求修好后的服装模特图适合店铺风格，加上淘宝拍摄受很多因素的影响，实际拍摄效果往往不尽如人意。商业化修图能够弥补淘宝拍摄中的不足，修图渐渐地演变成了淘宝美工的基本工作内容。

扫描二维码观看教学视频！

◎ 制作思路

首先去除服装上的污点和不必要的褶皱，避免这些因素对服装的影响。然后对服装模特进行美化，以凸显服装的美感。接着是对环境和服装进行调色，使图片的风格适合店铺的定位。

◎ 素材收集

5.4.1 模特图修形

第1步：打开【素材文件】>【第5章素材】>【人像修图】文件，将图片拖入到Photoshop软件中。

第2步：按Ctrl+J组合键复制一个背景图层（能避免改变原图的图片信息后需要原图而找不到的情况出现）。

第3步：单击【修补工具】 ，此时鼠标指针变为 图标，然后拖曳鼠标将服装上的褶皱框选中，再按住鼠标左键不放，拖曳鼠标到服装上的平滑处，接着按Shift+D组合键取消选区。

第4步：执行【滤镜】>【液化】命令，会进入到【液化】对话框，接着勾选【高级模式】复选框，打开液化工具的更多功能。

第5步：按住Z键并单击，能够放大图像；按Alt+Z组合键并单击，能够缩小图像，将图像调整到合适的大小。

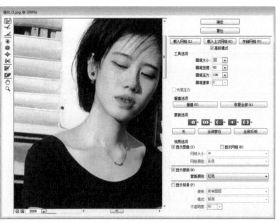

第6步：单击【向前挤压工具】 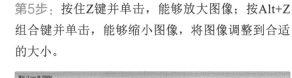，再单击【画笔大小】文本框，输入数值调整挤压指针的大小，接着对要修改的地方进行挤压操作。

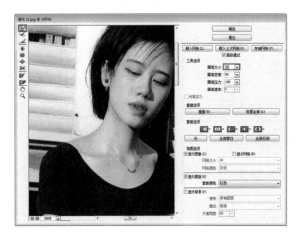

第7步：单击【移动工具】，将图片向上移动，然后单击【矩形选框工具】，框选住肩部以下的区域。

第8步：按Ctrl+T组合键执行【自由变换】命令，然后将鼠标指针置于自由变换的选框底部，按住鼠标左键不放，拖曳鼠标对选框进行拉伸，再单击✔，接着按Ctrl+D组合键取消选框。

第9步：单击【矩形选框工具】，框选住臀部以下的区域。接着执行上一步的操作对图片进行拉伸处理。

5.4.2 模特图调色

第1步：单击调整悬浮栏的【亮度/对比度】，在【亮度/对比度】属性栏中的【亮度】数值处输入15、【对比度】数值处输入7。

第2步：按D键，将前景色与后景色恢复到默认状态
▉，再按住X键转换前后景色▉。接着单击【画笔工
具】 ✍，并在画笔属性栏中选择笔尖和画笔大小，用
画笔涂抹不需要调整的部位。

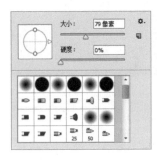  

第3步：单击调整悬浮栏的【曲线】，添加【曲线】调
整图层。接着在【曲线】属性栏中选择【红】，并向
上拖动曲线。

 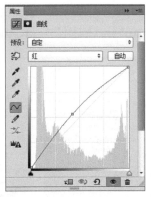 

第4步：按D键，将前景色与后景色恢复到默认状态
▉，再按X键转换前后景色▉。接着单击【画笔工
具】 ✍，并在画笔属性栏中选择笔尖和画笔大小，
用画笔涂抹不需要调整的部位。

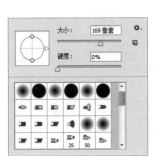  

第5步：单击调整悬浮栏的【色相/饱和度】，添加一个【色相/饱和度】调整图层，接着在弹出的【色相/饱和度】属性栏中单击【全图】，在弹出的颜色中选择任意颜色。

第6步：单击该属性栏中的【吸管工具】 🖋，吸取图片中需要调整的颜色，接着将吸取的颜色饱和度调整到60%。

第7步：按D键，将前景色与后景色恢复到默认状态🔳，再按X键转换前后景色🔳。接着单击【画笔工具】 🖌，并在画笔属性栏中选择笔尖和画笔大小，用画笔涂抹不需要调整的部位。

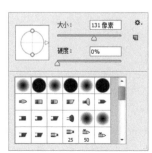  

第8步：单击调整悬浮栏的【可选颜色】  ，添加一个【可选颜色】调整图层，在弹出的【可选颜色】  属性栏中单击【红色】，在弹出的颜色中选择黄色。

第9步：单击下方【黄色】操作杆的小三角，并向左滑动减少黄色中的黄色。接着单击【洋红】操作杆的小三角，并向左滑动减少黄色中的洋红色。

第10步：按D键，将前景色与后景色恢复到默认状态 ，接着单击【可选颜色】图层的蒙版，按Ctrl+Delete组合键，将蒙版填充为后景色。

第11步：单击【画笔工具】 ，接着在画笔属性栏中选择笔尖和画笔大小，用画笔涂抹需要调整的部位。

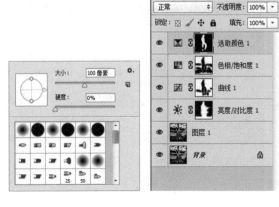

第12步：单击调整悬浮栏的【色相/饱和度】，添加一个【色相/饱和度】调整图层，然后在弹出的【色相/饱和度】属性栏中单击【全图】，在弹出的颜色中选择任意颜色。

第13步：单击该属性栏中的【吸管工具】 ，吸取需要进行调整的颜色，接着在吸取的颜色下将饱和度调整到25%。

第14步：按D键，将前景色与后景色恢复到默认状态 ，再按X键转换前后景色 。接着单击【画笔工具】 ，并在画笔属性栏中选择笔尖和画笔大小，用画笔涂抹不需要调整的部位。

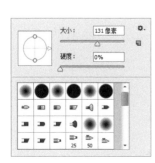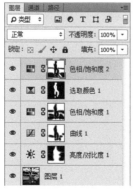

第15步：按Ctrl+Shift+Alt+E组合键选择盖印全部图层，接着单击该图层属性栏中的【正常】，在弹出的混合模式选项中选择【柔光】。

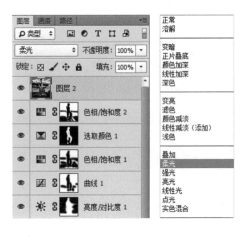

第16步：执行【滤镜】>【其他】>【高反差保留】命令，在弹出的【高反差保留】对话框中设置半径为1.6像素。

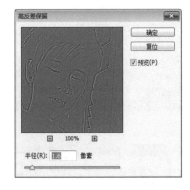

淘宝抠图实用技巧　06

淘宝官方页面上的大多数产品图片都是白底图，再加上白底图能突出地展现商品的优势，所以抠出产品再填充白底就成为了淘宝美工的基本功。抠出产品就是将产品的轮廓裁剪出来。

6.1 简单抠图

简单抠图指的是背景不复杂或抠取物形状比较规则的抠图操作，这类图的抠取相对简单。在Photoshop软件中，用单个的工具就能完成抠图。

6.1.1 几何物体抠取

几何物体指的是规则的几何形状产品。Photoshop软件中的几何选框工具和套索工具就能够完成这些产品的抠取。

◢ 操作演示

扫描二维码观看
教学视频！

第1步：把图片拖入Photoshop软件中后，双击图片图层后面的🔒，在弹出的对话框中单击【确定】按钮，解锁该图片图层。

第2步：因为要抠取物为圆形，所以选择【椭圆选框工具】◯，并按住Shift键画一个与圆盘大小差不多的圆形选框，并在椭圆选框工具属性栏【新选区】下移动选框到圆盘上。

第3步：选框的大小与圆盘大小不匹配，可以执行【选择】>【修改】>【扩展】命令，在弹出的对话框中，设置扩展像素的大小来调节选框的大小。

第4步：按Shift+J组合键复制该选区内的部分，然后用鼠标左键单击关掉原图片图层 ◉ 图标即可。

提示 ↓

几何选框工具和【套索工具】都是通过勾画形状来抠取产品的，在运用中根据产品的形状，选择合适的形状勾画工具。

6.1.2 单色物体抠图

淘宝中的很多商品都是单色的，如果这些产品的颜色统一，就可以用颜色来选择区域，让产品的抠图更加方便。区域选择抠图是根据画面的颜色，选择颜色相同的区域形成选区。

✈ 操作演示

扫描二维码观看教学视频！

第1步：把图片拖入Photoshop软件，然后双击图片图层后面的 🔒，在弹出的对话框中单击【确定】按钮，解锁该图片图层。

第2步：单击【快速选择工具】 🖌，在要选取的区域按住鼠标左键不放，拖曳鼠标，此时选区会随着鼠标的拖动，自动选择图中颜色差距不大的部分。

第3步：如果背景与产品颜色差别不大，那么背景也会被选中。单击【多边形套索工具】 ☑，然后在相应的套索工具属性栏中选择【从选区减去】 ▣，接着将多余的部分勾选出来。

第4步：按Shift+J组合键复制该选区，然后单击关掉原图片图层 👁 图标即可。

提示 ↓

选框属性栏的【新选区】▣可以移动选区，【添加到选区】▣可以创建新的选区，【从选区减去】▣可以从选区中减掉选区，【与选区交叉】▣可以将两个选区的交集创建为新的选区。

6.1.3 渐变背景抠图

淘宝产品大多是在简易拍摄台上拍摄的，其背景通常是单色的塑料板。在拍摄的过程中，受灯光等因素的影响，背景塑料板会出现明暗深浅等颜色变化。在Photoshop软件中可以根据这种明暗深浅的颜色变化进行抠图。

🧭 操作演示

扫描二维码观看教学视频！

第1步：把图片拖入Photoshop软件，双击图片图层后面的🔒，在弹出的对话框中单击【确定】按钮，解锁该图片图层。

第2步：单击图片图层，按Ctrl+J组合键复制图片图层（复制原图层可以保留原图图片），接着单击调整悬浮栏的【曲线】▣，会弹出【曲线】调整属性栏。

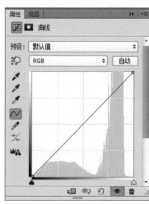

第3步：单击【在图像中取样以设置白场】 ✏️，然后单击图片中需要填充为白色的地方，在不影响产品轮廓的基础上，可重复单击需要填充为白色的地方。

第4步：单击【在图像中取样以设置黑场】 ✏️，接着单击产品颜色较深的部分，加深产品的颜色，以区别产品和背景。

第5步：单击选中调整图层，然后单击【魔棒工具】 ，接着单击图片中白色的部分建立选区。

第6步：此时选框会选中图片中的白色部分，然后执行【选择】>【反向】命令，让选框框选住产品。

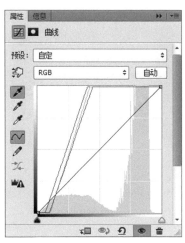

第7步：单击调整图层的眼睛图标 👁️，关闭调整图层的视图；然后单击【背景拷贝】图层，按Ctrl+J组合键复制选框中的部分，就能复制产品生成一个新的图层。

提示 ↓

上述的这种方法适合于产品与背景的明度差距不大的时候，用设置黑白场来增大产品与背景的差距。

【钢笔工具】绘制形状建立选区的方法适用于大多数图像的简单抠图。第3章讲过【钢笔工具】的用法，这里就不多做介绍了。

6.2 复杂抠图

提到复杂抠图，人们首先想到的是人像和毛绒玩具的抠图处理，这类图因产品边缘细小而繁多，处理起来十分麻烦；其次是玻璃制品类的透明抠图，透明抠图需要较高的处理技巧，抠图时不仅要保证产品图像的完整，又要去除图片的背景纹理。这两种抠图是淘宝美工工作中比较难的抠图处理形式。

6.2.1 毛发抠图

毛发的抠图有很多种方法，但这些方法并不适用于每一张图，这里选择用通道来抠取毛绒玩具。通道抠图适合于大多数的毛发抠图。

操作演示

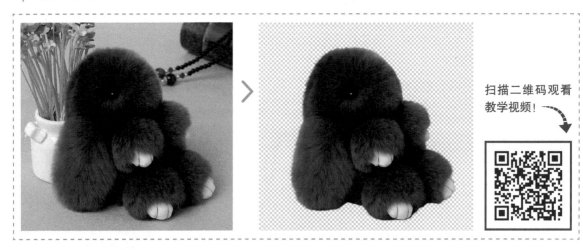

扫描二维码观看
教学视频！

第1步：用鼠标右键单击图片图层，在弹出的菜单中选择【复制图层】命令，然后单击【通道】悬浮栏。

第2步：选择一个背景与产品差别比较大的颜色通道。

第3步：通过观察发现，红色通道中产品与背景的差距比另外两个通道的差距大，所以选择红色通道。接着执行【图像】>【计算】命令，在弹出的对话框中将混合模式改为【滤色】。

第4步：单击【计算】生成的专用通道Alpha1，用【加深/减淡工具】处理产品与背景交融的地方，扩大产品与背景的区别。

第5步：将产品颜色加深，产品之外的区域减淡，然后按Ctrl+M组合键弹出曲线调整框，选择【在图像中取样以设置黑场】，接着单击图片上产品较亮的部分，将产品变黑。

第6步：按Ctrl+M组合键弹出曲线调整框，选择【在图像中取样以设置白场】，将图像中的浅灰色设置为白场。

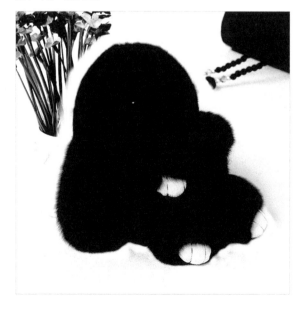 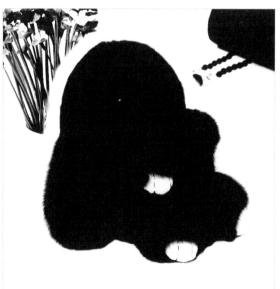

第7步：将产品外不需要的其他东西填充为白色，将产品中需要保留的部分填充为黑色。

第8步：按住Ctrl键并单击通道Alpha1的缩略图，建立选区。然后执行【选择】>【反向】命令，再单击RGB通道，接着单击【图层】，返回到图层模式。

第9步：单击【套索工具】，在【套索工具】的属性栏中选择【添加到选区】，将产品缺失的爪子部分补全。

第10步：按Ctrl+J组合键复制选区中的内容，完成毛绒玩具的抠取。

提示 ↓

通道抠图是一种较为全面的抠图方法，但是通道抠图操作麻烦，在淘宝中常用来处理难度较大的抠图。在通道中的黑白代表着图片的像素信息，将通道加深至黑色代表着黑色部分的像素会百分之百被选中，减淡至白色代表着白色部分的像素不会被选中，而通道中的灰色，会根据灰色的明暗程度，选取灰色覆盖部分相应的像素，简单地说，就是选取部分的像素形成透明的效果，透明程度由灰色的明暗决定。

6.2.2 透明抠图

玻璃制品也有多种抠取方法，这里介绍一个实用快捷的抠图方法——【快速蒙版】。这种抠图方法不仅处理速度快，而且适用范围广。

操作演示

扫描二维码观看教学视频！

第1步：单击图片图层，然后按Ctrl+J组合键复制原图层（可以保留原图信息，以免丢失原图），再单击背景图层的眼睛图标 ◉，关掉背景图层的视图。接着单击工具栏的【快速蒙版】 ◻。

第2步：将前景色调整为黑色，然后单击【画笔工具】 ✎，再用鼠标右键单击图片的任意部分，在弹出的笔尖选项中选择【硬边圆】，用【硬边圆】笔尖涂抹产品的轮廓和高光等不需要透明的地方。

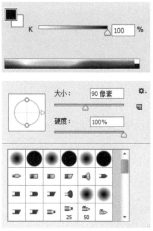

第3步：用鼠标右键单击图片任意部分，在弹出的笔尖选项中选择【柔边圆】笔尖，接着用【柔边圆】笔尖涂抹产品中需要透明的部分，并用【橡皮擦工具】 ✎ 对涂抹的部分进行调整。

第4步：单击【快速蒙版】 ◻，会将红色覆盖之外的区域建立为选框，并退出快速蒙版操作。执行【选择】>【反向】命令，将产品框选。

第5步：执行【选择】>【调整边缘】命令（组合键为Ctrl+Alt+R），在弹出的对话框中选择【边缘检测】前的【调整半径工具】 ✎ 和【抹除调整工具】 ✎ 对选框进行调整。接着在【输出到】后面选择【图层蒙版】，然后单击【确定】按钮。

第6步：单击调整悬浮框中的【可选颜色】 ◼，对图层1进行调色。

第7步：该玻璃产品的拍摄背景比较暗，需要去掉玻璃产品的黑色。用鼠标左键双击调整图层的 ，打开【可选颜色】 属性栏。选择黑色，并将黑色操作杆拉到最左边，即减弱黑色加强白色，然后增强画面的对比度，即在白色中添加白色（黑色操作杆下的负数即为添加白色），并在中性色中添加黑色。

6.3 宠物用品主图设计

素材位置	素材文件>第6章素材
技术掌握	蒙版、边缘调整、画笔、曲线、线性渐变、颜色叠加

抠图和修图是淘宝美工工作中的一个基础工作，服务于主图设计和海报设计等淘宝设计。本节以宠物用品为例，做宠物用品店的主图设计。在操作过程中，选择合适的工具和命令，能有效地减少工作时间，提高工作效率。

◎ 制作思路

因为淘宝官方要求主图上尽量少用文字，所以要在图片上展现产品的用途。而该产品是一款宠物洗浴用品，用宠物来和产品搭配，并配以狗狗洗澡等与主体相关的图案。

◎ 素材收集

扫描二维码观看教学视频！

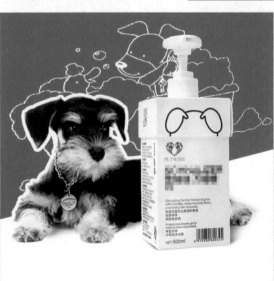

6.3.1 小狗素材处理

第1步：打开【素材文件】>【第6章素材】>【素材1】文件，将素材1拖入Photoshop软件中。

第2步：按Ctrl+J组合键复制一个背景图层，然后用单击背景图层前的眼睛图标 ◉，会关掉背景图层的视图。

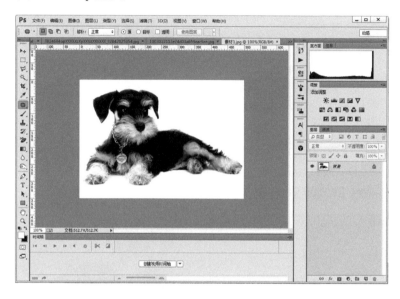

第3步：单击【魔棒工具】 ，此时鼠标指针变为 图标，然后拖曳鼠标，将 移动到图片中的空白处并单击。

第4步：执行【选择】>【反向】命令，此时选区将框选素材图片。

第5步：执行【选择】>【调整边缘】命令，会弹出【调整边缘】对话框（通过调整边缘来补上图中缺失的部分，同时优化毛皮与背景的边缘）。

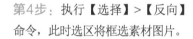

第6步：单击【视图】后的下拉小三角，会弹出视图选项。

第7步：选择【背景图层】选项，此时工作区会变为透明背景格式视图。

第8步：单击【移动边缘】的操作杆，按住鼠标左键不放，并向右拖动到100%。

按F键循环切换视图。
按X键暂时停用所有视图。

第9步：单击 ，按住鼠标左键不放，在弹出的选项中选择【调整半径工具】，鼠标指针会变为 图标，接着移动鼠标，将指针移动到素材狗狗缺失的前爪上。

第10步：单击工具属性栏【大小】数值后的下拉小三角，会弹出调整半径的操作杆。

第11步：单击操作杆，按住鼠标左键不放并拖动鼠标，可以调整【调整半径工具】指针的大小，将大小调整到合适程度。

第13步：涂抹完成后单击【输出到】后的下拉小三角，在弹出的选项中选择【新建图层】，然后单击【确定】按钮，完成抠图操作。

第12步：将鼠标置于素材狗狗前爪上缺失的部分，按住鼠标左键不放，然后拖曳鼠标，会基于原图自动填补缺失的部分。

6.3.2 产品素材处理

第1步：打开【素材文件】>【第6章素材】>【产品素材】文件，将产品素材1拖入Photoshop软件中。

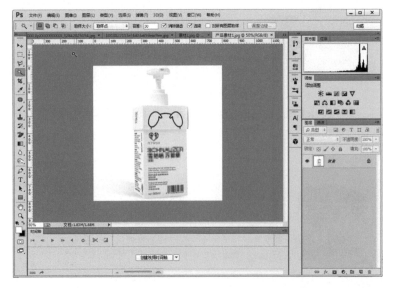

第2步：用鼠标右键单击产品素材1图层，会弹出图层的快捷菜单。

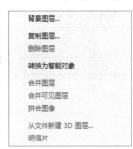

第3步：单击【复制图层】命令，会弹出【复制图层】对话框。

第4步：单击【确定】按钮，会生成一个背景拷贝图层的新图层，然后单击背景图层前的眼睛图标【👁】，关掉背景图层的视图。

第5步：单击调整悬浮栏的【曲线】，会添加一个带着蒙版的【曲线】调整图层，并在悬浮栏的右边出现【曲线】的属性栏。

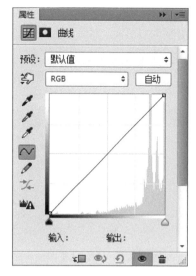

第6步：单击曲线属性栏的【在图像中取样设置黑场】，此时鼠标指针变为【🖊】图标。

第7步：拖曳鼠标，将【🖊】移动到产品相对较亮的部分并单击，此时产品会变暗。

第8步：单击【魔棒工具】，此时鼠标指针变为【🔍】图标，拖曳鼠标，将【🔍】移动到图片中的空白处并单击。

第9步：执行【选择】>【反向】命令，此时选框将选取产品素材。

第10步：单击调整图层前的眼睛图标【👁】，关掉调整图层的视图。

第11步：单击【多边形套索工具】🪢，此时鼠标指针变为🪢图标，然后单击【多边形套索工具】🪢属性栏的【选区中间减去】🔲。

第12步：单击图中的一个空白处，建立起点，然后单击商品的转折点，将图中不需要的部分框选住。

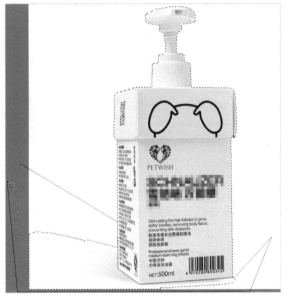

第13步：按住Enter键会封闭多边形套索工具建立的选框，也就是从原选区中减去多边形套索工具建立的选区。

第14步：单击【背景拷贝】图层，按Ctrl+J组合键复制选区内容，然后单击【背景拷贝】图层前的眼睛图标👁，关掉【背景拷贝】图层的视图。

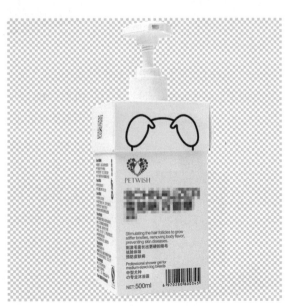

6.3.3 其他素材处理

第1步：打开【素材文件】>【第6章素材】>【素材2】文件，将素材2拖入Photoshop软件中。

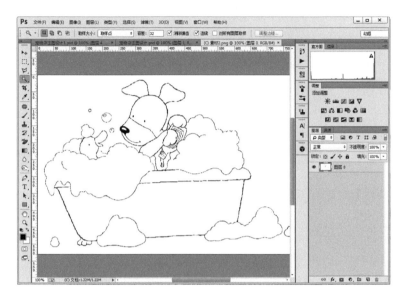

第2步：用鼠标右键单击素材2图层，会弹出图层的快捷菜单。

第3步：用鼠标左键单击【复制图层】命令，会弹出【复制图层】对话框。

第4步：单击【确定】按钮，会生成一个名为【图层0拷贝】图层的新图层，然后单击背景图层前的眼睛图标 👁，关掉【图层0】图层的视图。

第6步：用鼠标右键单击图中的空白部分，会弹出当前操作的快捷菜单。

第5步：单击【魔棒工具】，此时鼠标指针变为图标，在【魔棒工具】属性栏中，将【容差】改为5，然后将移动到图片中的空白处并单击。

提示 ↓

【容差】指的是选区能够允许的颜色误差范围。容差越大，与设定的选区源点差别越大；容差越小，与设定的选区源点差别越小。

93

第7步：单击【选取相似】命令，就会选取图中与当前选区颜色差不多的所有颜色。

第8步：按Delete键，删除选区的内容。

第9步：按Ctrl+I组合键，对图中的内容执行【反相】命令，会把黑色的线条改为白色线条。

6.3.4 主图设计制作

第1步：按Ctrl+N组合键，会弹出【新建】对话框；然后设置名称和尺寸及颜色模式等属性。

第2步：单击【确定】按钮后，会建立一个800像素×800像素的窗口。

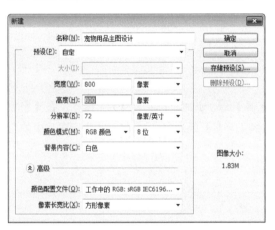
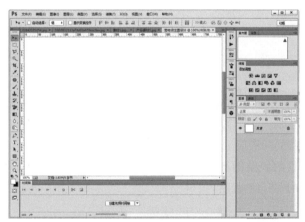

第3步：单击【移动工具】，此时鼠标指针变为图标，然后将鼠标指针置于抠好的宠物素材上，按住鼠标左键不放，拖曳鼠标到新建的窗口中，就能把图片素材拖入新的窗口。

第4步：用第3步操作方法将产品拖入新的窗口。

第5步：单击产品，然后按Ctrl+T组合键，此时产品图层会被框选中。

第6步：将鼠标指针置于产品边框线的直角上，按住鼠标左键不放，并按Shift键，拖曳鼠标，让产品等比例缩放。

第7步：用第5步和第6步的操作方法把狗狗素材及产品素材的大小和位置调整到合适的程度。

第8步：执行【图层】>【新建】>【图层】命令，弹出【新建图层】对话框。

第9步：单击【确定】按钮，会生成一个透明的空图层，然后将鼠标指针置于透明的空图层上，按住鼠标左键不放，进行上下拖动，可更改图层的顺序，将该透明空图层移动到背景图层上方。

第10步：单击透明的空图层，选择【多边形套索工具】，绘制一个墙面形状的选区。

第11步：单击背景色，会弹出背景色的拾色器。

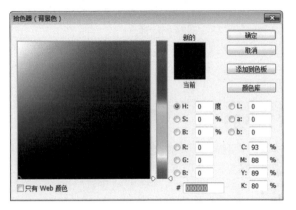

第12步：移动鼠标指针到画布上，鼠标指针会变为🖋️图标，拖动鼠标，将鼠标指针移动到要吸取的产品颜色上。

第13步：此时拾色器上会匹配吸取的颜色。

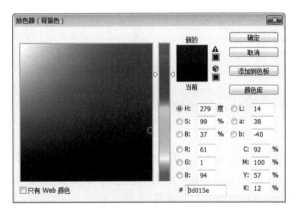

第14步：移动鼠标，在背景拾色器中选择一个与吸取色类似的颜色（参考单一颜色的配色）。

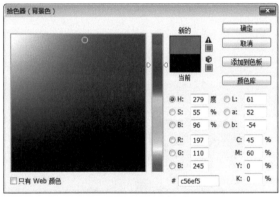

第15步：单击空白图层，按Ctrl+Delete组合键，填充背景图层。

第16步：用鼠标右键单击图层1，会弹出图层选项。

第17步： 选择【混合选项】命令，会弹出【图层样式】对话框。

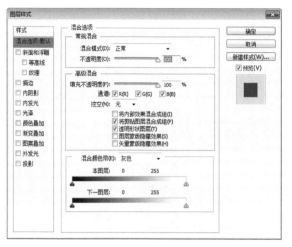

第18步：单击【描边】，会展开描边的属性栏，同时狗狗素材上会描上一圈黑边。

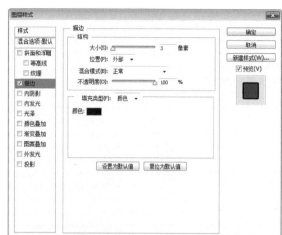

第19步：单击描边属性栏中【颜色】后的黑色块，会弹出描边颜色拾色器。

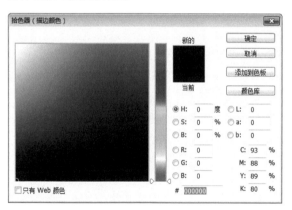

第20步：在拾色器中，将鼠标指针移动到左上角，单击【确定】按钮，画布中的狗狗素材就会描上一圈白边。

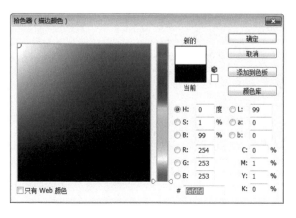

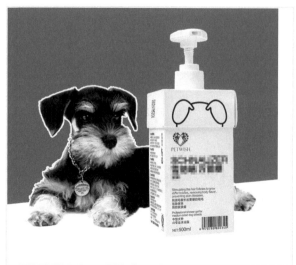

第21步：单击图层1，然后执行【图层】>【新建】>【图层】命令，弹出【新建图层】对话框。

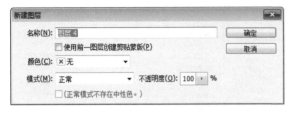

第22步：单击【确定】按钮，会生成一个透明的空图层。

第23步：按D键，将前后景色恢复到默认状态，接着单击【画笔工具】，移动鼠标指针到画布上，鼠标指针会变为○图标。

第24步：用鼠标右键单击画布中的空白部分，会弹出画笔笔尖形状选项栏，选择第一个柔边圆笔尖。接着在画布中狗狗素材的底部和产品的底部绘制黑色块。

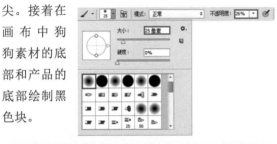

第25步：单击，给图层4添加蒙版。选中图层蒙版，然后单击【画笔工具】，接着在画布上的阴影处进行涂抹，让影子有一个渐变的过渡。

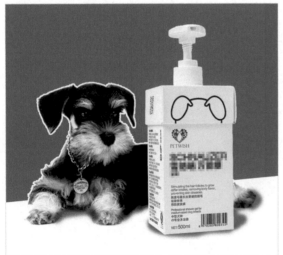

第26步：将处理好的素材2白色线稿图拖曳到【宠物店主图设计】中。

第27步：将鼠标指针置于【图层0拷贝】图层上，按住鼠标左键不放，上下拖动，可更改图层的顺序，将【图层0拷贝】图层移动到图层3上方。

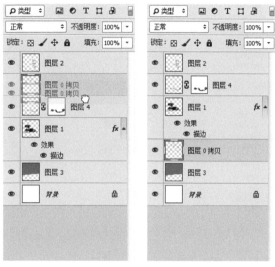

第28步：单击【图层0拷贝】图层，然后按Ctrl+T组合键执行自由变换操作，将鼠标指针移动到【图层0拷贝】的边框线直角处，按住Shift键进行缩放。

第29步：单击【图层0拷贝】图层，然后按Ctrl+T组合键执行自由变换操作，接着用鼠标右键单击画布，弹出自由变换选项，选择【斜切】命令，最后单击右下角，并按住Shift键不放，向上拖曳鼠标。

提示 ↓

执行【斜切】命令时，斜切角度要与背景墙的透视一致。

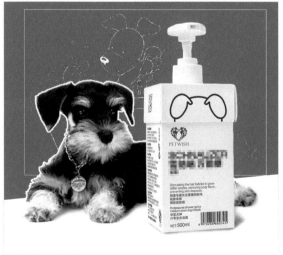

第30步：用鼠标右键单击【图层0拷贝】图层，在弹出的菜单中，选择【混合选项】下的【颜色叠加】命令。

第31步：单击【混合模式】后面的红色色块，在打开的颜色叠加拾色器中选择白色，会将线稿图叠加为白色。

第32步：单击【背景橡皮擦】工具 ，并按D键，恢复默认的前后景色的颜色 ，然后在白色线框图的边框线上进行涂抹，去除边框线。

提 示 ↓

擦除边框线减弱背景的视觉重心，也就加强了前面主体的视觉重心。

一
性
感

单品·尚新

ROMAN HOLIDAY

女人都应该有一双高跟鞋

At midnight, I'll turn into a
pumpkin and drive away in
my glass slipper

排版是设计的基础 07

一个好的网店页面，产品展示要合理、有秩序，满足店铺运营的需求之余，考虑买家购买过程中的实际感受，同时也要保证页面的美观。这需要在排版过程中对页面整体有良好的规划，良好的版式让人耳目一新，给人深刻的印象。排版精美，留白恰当，才是理想的淘宝页面。

7.1 淘宝页面的基本要素

在大批的商家发展推动下，淘宝上形成了各种风格的页面。页面的基本组成离不开点、线、面的配合。无论是多复杂的页面还是多简单的页面，都能找出这3个基本要素。

不同商家的风格定位不同，页面中对点、线、面的侧重也不同。

7.1.1 点

什么是点？在页面中点是一个占有空间位置的痕迹，点可以很大，也可以很小。点的大小是相对于页面中的其他元素而言的。

点的感觉会随着点的大小而变化。例如，用放大镜看点，随着由小变大，点的感觉也逐渐消失了。

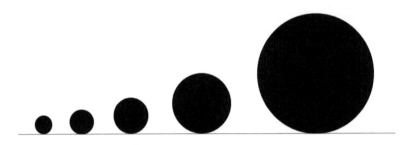

单一的点：其有较强的向心力，能够将人们的注意力聚集到该点上。点在淘宝页面上常用于活动海报中，提示买家浏览重要的活动信息。

无序多个的点：因为其不受位置、大小、顺序变化的影响，在表现形式上更为自由，可以创造出富有想象力的空间感，例如树叶上的水滴、白纸上的碎屑、地板上的纸团、深邃的星空等，这些点在淘宝页面上常用来做背景或底纹。

有序的点：是以规律的形式排列或以规律的重复和有序的渐变组成的有秩序的点。通过控制点与点之间的疏密，画面会更丰富、更细腻。

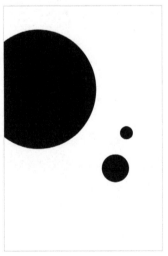
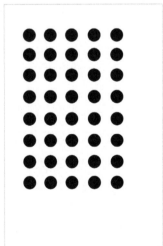

页面版式中，有些点是不明显的，但点是存在的，在页面中同样起着点的作用。例如，图中的茶叶罐，从视觉中心上来说，就是一个点。

7.1.2 线

点运动的轨迹形成了线，线具有很强的表现力，能准确地表达事物。直线平稳、刚毅，曲线生动、精准，二者相互结合，就能清晰地表达出创作者的意图。

人的视线会习惯性地追随物体的运动轨迹，所以淘宝页面中的线，通常起引导视觉的作用。此外，作为一个页面元素，线还可以修饰页面，让页面内容更加丰富。

1.引导视觉重心

页面排版时将零散的信息用线条加以强化，将视觉的重心聚集在线条强调的内容上，让买家更直观地看到重要信息。

2.修饰页面

线条给人的感觉是简单直接，所以在现代简约风格中运用比较广。线条不仅能够连接页面的上下文，让上下文的内容过渡更自然，还能够将线条自身简单直接的属性融合到页面中，成为页面中不可拆分的元素。

7.1.3 面

线的非"线向"（直线中心到两端的方向）运动轨迹就形成了面，面的感觉会随着面的大小而变化。与点不同的是，面越小，面的感觉越弱。面的内容比点和线要丰富，也就承载了更多的信息。

1.面的多样化

面是构成世界的基本元素（绝对的点和线存在于理论中），无论是大自然还是人们的生活，面无处不在。按照面的特点，大致分为以下4类。

无机形：指规则的几何形，是一种可以用数学方法得出的图形。常见的有圆形、方形等。

有机形：指大自然中自然生成的图形。常见的有枫树叶、竹叶等。

随机形：指偶然得到的图形，在生活中几乎不可能用相同的方法得到的图形。常见的有泼墨、水滴痕迹等。

绘制形：人所创造的自由构成图形，具有很强的表达能力。常见的有剪影、剪纸等。

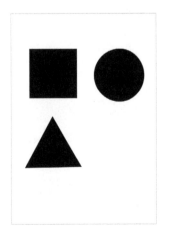

2.面的构成方式

面具有丰富的内容承载力和较强的表达力，在页面中运用较广泛。面与面的不同组合方式，可以让页面达到相应的效果，页面形式更加新颖，页面内容更加丰富。接下来介绍几种常见面的组合方式。

相离：通过两个面或多个面不相接的组合，页面间留出空隙，页面有呼吸感，方便买家的浏览。

相遇：通过面与面的完全相接，构建新的面，页面更加具有整体感。

相交：通过面与面的交错叠加，组合成新的面，页面更富有层次。

7.2 淘宝页面的构图原则

浏览页面时，页面上能吸引眼球的元素，即为视觉点。合理安排视觉点，就是构图。

构图能影响页面的结构，也能改变页面的效果。合理的构图让页面灵活且有序，而页面的构图是否新颖、是否合理又决定了页面信息的传达效果。结构鲜明的构图，让页面布局简洁而精彩，内容丰富而不臃肿。

7.2.1 平衡构图

平衡构图是页面视觉重心相对平衡的构图方式，让页面富有整体感、节奏感和秩序感。平衡构图能够很好地统一页面各元素，展现页面的和谐之美。平衡构图在页面设计中占主导地位，是淘宝页面中常见的构图方式。

平衡构图注重视觉点的视觉比重，要求页面上的视觉重心相对平衡。

视觉点相对平衡的构图处理均可以称为平衡构图，通常有以下几种方式。

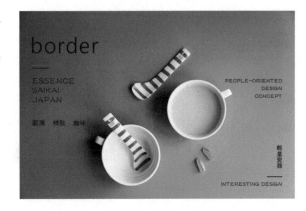

1.左右构图

左右构图在视觉重心上相对均衡，在视觉上相互补充，使页面的整体性更好，让页面丰富、有序。

2.中轴线构图

中轴线构图是视觉点以中轴线分布为主的构图方式，能突出中心线上的内容，使视觉焦点聚集在中轴线上。

3.对角线构图

对角线构图是视觉点沿着对角线分布的构图方式，能打破常规视觉的静止，让页面富有动感。

7.2.2 偏左偏右构图

为了打破平衡构图的秩序与呆板，追求更灵活的页面排版方式，出现了偏左或偏右的构图。

相对于平衡构图，偏左或偏右构图打破了平衡构图的秩序感，在视觉上展现出一种不对称的美感。

1.偏左构图

视觉重心偏左的构图方式，符合人们的阅读习惯，方便买家浏览信息，是一种常用的页面排版构图方式。

2.偏右构图

视觉重心偏右的构图方式，符合古典阅读的视觉浏览习惯，适合于典雅风格的塑造。

7.2.3 自由构图

自由构图相对于其他的构图，在形式和结构上更为自由。在构图时不遵循大多数的构图法则，所以自由构图有着良好的表现力，能够较好地吸引买家的目光。

自由构图在表现形式上，没有太多的限制，注重页面视觉重心的过渡，无论页面怎么新颖、有创意，在视觉重心的过渡上依旧严格。页面传递的信息会根据其重要程度来做视觉重心的调整。良好的自由构图能够做到乱而有序，新颖而不失重点。

自由构图是一种很个性的构图方式，能较好地表达创作者的设计意图，也能较好地展示店铺的风格。

7.3 淘宝页面的组成部分及特征

淘宝页面不是素材和产品的堆砌，而是将页面中的素材和产品以一种合理的方式组合，使页面能够展示出产品的优点或传达店铺的品牌理念。

7.3.1 淘宝页面的组成部分

对淘宝页面进行解析，可以把页面的组成分为文字、主体、背景和装饰4类。文字是主要的信息载体，能清晰地表达页面的中心思想；主体是主要展现的物体，是页面中的重点；背景是页面的骨骼，支撑整个页面；装饰点缀页面，让页面更丰富、细腻。

7.3.2 页面组成部分的相互关系

　　主体和背景相辅相成，背景突出主体，主体丰富背景。页面文字是页面的核心信息说明，页面上的装饰用来弥补页面的不足。

1.主体和背景

　　背景通常用来突出主体，让主题更加明确。主体与背景决定了整个页面的形态，二者相当于页面的肌肉和骨骼。没有背景的主体是残缺的意向，没有主体的背景是空白的陈述。

2.文字和装饰

文字通常是淘宝页面的第二视觉重心，起呼应主体的作用，以平衡页面的视觉点。文字是页面信息的补充和说明。合理的安排文字，不仅能使页面良好地传递信息，还能装饰页面，使页面的内容更丰富。装饰是对页面元素和页面内容的一个补充，让页面完整而美观。

7.3.3 美工的文字排版奥秘

文字是页面中很重要的一个组成部分，文字排版影响着页面的美观。利用各种对比关系，能够让文字排版效果简单而有效。

1.大小对比

大小对比是常用的一种对比方法，是将主要信息放大，加强主要信息的传播性，将次要信息缩小，造成大与小的差异视觉冲击。

2.疏密对比

疏密对比是控制文字间的间隙，利用密与疏的视觉冲击，营造一种丰富细腻的视觉感受。

3.明暗对比

明暗对比是控制文字的明度，用颜色的深浅对比，造成视觉上的差异。

4.粗细对比

粗细对比是利用文字的粗细形成较大的视觉反差，让页面拥有更多变化，同时丰富页面的内容。

5.前后对比

前后对比是将文字与背景图形做前后遮挡处理，展现文字的层次感。

6.正负对比

正负对比是将文字挖空的负型处理与正常文字搭配形成的阴刻阳刻对比，是一种较为新颖的文字排版方式。

7.方向对比

方向对比是将文字按照不同的方向进行排版，利用方向上的差异，丰富版面。

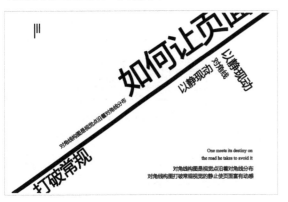

8.颜色对比

颜色对比是用颜色来展示文字间的视觉关系，让文字信息的传达更加准确。

7.4　海报的版面设计

素材位置	素材文件>第7章素材
技术掌握	文字、形状工具、影子绘制

　　规划海报版面的结构，梳理版面各元素间的主次关系，能让海报设计变得简单、轻松。设计时从主体着手，保证主体的视觉重心地位，接着制作合适的背景，保证页面的整体性，然后添加文字排版，让信息的传达更准确，最后添加装饰，丰富页面的内容。

◎ 制作思路

　　规划页面的布局方案，选择或制作合适的背景，接着确定主体的大概位置，然后拆分文案，合理的布局加上分解开的文案，再添加装饰点缀画面，最后调整细节完成设计。

扫描二维码观看教学视频！

◎ 素材收集

7.4.1　素材的抠图处理

第1步：打开【素材文件】>【第7章素材】>【图片A】文件，将图片A拖入Photoshop软件中。

第2步：单击【钢笔工具】，此时鼠标指针变为光标，接着单击【钢笔工具】属性栏中【建立】前的下拉小三角，在弹出的选项中选择【路径】，最后单击产品边缘，作为形状勾勒的起点。

第3步：将鼠标指针置于下一个边缘处，按住鼠标左键不放并拖曳鼠标，会拖出曲线，继续拖曳鼠标，让曲线的弧度适合产品的边缘。

第4步：按住Alt键，并单击锚点，取消曲线另一端的控制点，再单击下一个边缘处进行产品形状的勾勒，然后重复勾勒操作，直到完成形状的勾勒。

第5步：用鼠标右键单击画布空白处，在弹出的菜单中选择【建立选区】命令，并在弹出的【建立选区】对话框中，输入【羽化半径】值为1，单击【确定】按钮建立选区。

第6步：按Ctrl+J组合键复制选区中的内容，然后单击背景图层的眼睛图标，关闭背景图层的视图，完成抠图操作。

7.4.2 左右构图版面的设计

第1步：打开Photoshop软件，执行【文件】>【新建】命令，创建一个宽为1 500像素、高为625像素的窗口（该尺寸为海报的等比例缩放尺寸）。

第2步：将处理好的产品图片拖入工作窗口中，并调整位置。接着单击图片，按Ctrl+T组合键执行自由变换操作，再按住Shift键并单击自由变换边框线的直角处，对图片进行等比例缩放。

第3步：单击抠出的鞋子图片，用第2步的操作方法调整鞋子图像的大小和位置。

第4步：单击【矩形工具】■，再单击【矩形工具】■属性栏中的【填充】，在弹出的选框中选择填充颜色为■，接着单击属性栏中的【描边】，在弹出的选项中选择□不填充。

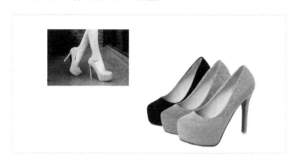

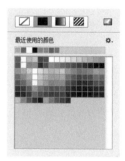

第5步：单击【前景色】，弹出【前景色】的拾色器，拖曳鼠标，将拾色器✒️移动到要吸取的颜色上并单击鼠标左键，将吸取的颜色作为前景色，然后画一个矩形分割页面（矩形的颜色会自动匹配前景色的颜色）。

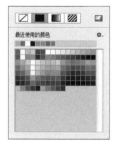

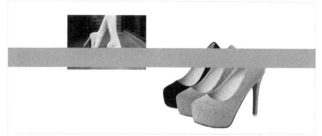

第6步：将鼠标指针置于矩形1图层，按住鼠标左键不放，向下拖曳鼠标，将图层移动到背景图层上方。

第7步：单击矩形1图层，然后按Ctrl+T组合键执行自由变换操作，调整该矩形1图层的大小和位置。

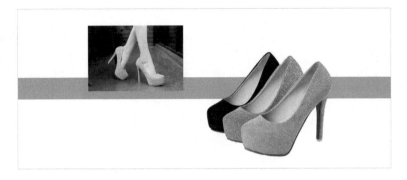

第8步：重复第4~7步的操作，在页面中添加矩形，并用【自由变换】调整各个元素的大小和位置。

 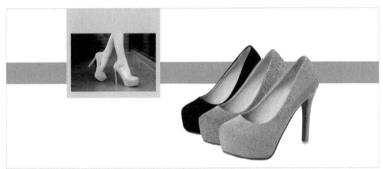

第9步：单击【文字工具】T，输入文案"fashion"，在【文字工具】T属性栏中单击字体后的下拉小三角，在弹出的选项中选择合适的字体，并在tT后输入字体的字号，接着单击【文字工具】T属性栏的▇，弹出字体颜色拾色器，拖曳鼠标，将字体拾色器∅移动到要吸取的颜色上，然后单击【确定】按钮。

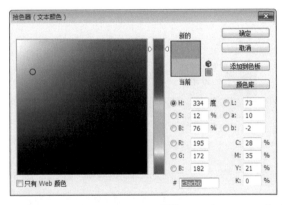 

第10步：单击【文字工具】T属性栏中的【切换字符和段落面板】▤，在弹出的面板中调整文字的间距和行距，然后按Ctrl+T组合键执行自由变换操作，接着将鼠标指针置于文字上，按住鼠标左键不放并拖曳鼠标，对文字的位置进行调整。

第11步：将鼠标指针置于文字图层，按住鼠标左键不放，拖曳鼠标到矩形1图层上方，与产品形成前后对比，增加画面的层次感。

第12步：单击【文字工具】 T ，输入文案"单品·尚新"，然后单击【字符】悬浮栏中字体后的下拉小三角，在弹出的选项中选择合适的字体，并在 T 后输入字体的字号，单击颜色后的 ■ ，在弹出的字体颜色拾色器中将指针 ✐ 移动到左下角，最后单击【确定】按钮。

第13步：重复第12步的操作，添加副标题，与主标题形成呼应，丰富画面。

第14步：重复第12步的操作，添加内容文字，内容文字和装饰性文字选择较细的字体，与标题形成粗细对比。

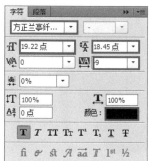

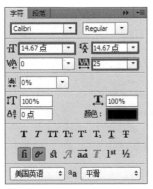

7.4.3 细节刻画与装饰的添加

第1步：单击图层1，然后按Ctrl+J组合键，生成一个【图层1拷贝】图层，接着按住Alt键并单击【图层1拷贝】图层的缩略图，会基于【图层1拷贝】图层的形状建立一个选区。

第2步：按D键，将前后景色恢复到默认状态，然后按X键，切换前后景色的颜色，再按Ctrl+Delete组合键执行后景色填充，将后景色的颜色填充到选区中，接着按Ctrl+D组合键取消选区。

第3步：按Ctrl+T组合键执行自由变换，然后用鼠标右键单击画布空白的地方，在弹出的菜单中选择【斜切】命令。接着将鼠标指针移动到自由变换框线上的中点上，此时鼠标指针变为图标，再向右拖曳鼠标到合适的程度，单击工具栏后的 ✔。

第4步：按Ctrl+T组合键执行自由变换，将鼠标指针移动到自由变换框线上的中间点上，此时鼠标指针变为图标，向下拖动鼠标到合适的程度，单击工具栏后的 ✔。

第5步：将鼠标指针置于【图层1拷贝】图层，按住鼠标左键不放，向下拖曳鼠标将【图层1拷贝】图层移到图层1下。接着按Ctrl+T组合键执行自由变换，调整【图层1拷贝】图层的位置和大小。

第6步：执行【编辑】>【操控变形】命令，进入【操控变形】状态，然后单击固定住不需要变形的部分，接着将鼠标指针置于需要变形的地方，按住鼠标左键不放，拖曳鼠标对图像进行变形。变形完成后单击工具栏后的 ✔️。

第7步：执行【滤镜】>【模糊】>【高斯模糊】命令，在弹出的【高斯模糊】对话框中输入【半径】值为6像素，然后单击【确定】按钮。

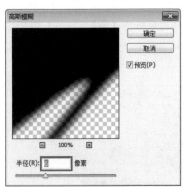

提示 ↓

现实中由于环境光的原因，影子与地面的边缘处为虚化的渐变色。这里用高斯模糊让黑色的边缘处呈现出这一特点。

第8步：单击图层悬浮栏下的 ，给图层添加蒙版，然后单击【填充工具】 ，并单击 ，在弹出的选项中选择【前景色到透明渐变】，并勾选工具属性栏中的【反向】复选框。

第9步：单击蒙版，然后从影子的右上角向左下角拖曳鼠标进行渐变操作，接着调整图层属性栏的不透明度。

第10步：单击【自定形状工具】 ，并调整形状属性栏的各项属性，然后单击形状工具属性栏中【形状】后的下拉小三角 ，在弹出的选项中选择【邮票2】，拖曳鼠标，完成图形的绘制。

第11步：单击【文字工具】 ，输入文案"性感"，然后单击文字工具属性栏的 ，将横排文字转换为竖排文字，并调整文字的字号、颜色等属性，接着按Ctrl+T组合键执行自由变换，调整文字的位置。

第12步：单击【矩形工具】 ，在文字标题与正文之间画一条直线，用以分割标题与内容，并在"性感"文案上方加一个短线条，作为装饰。至此，完成海报版面的设计。

淘宝店铺的页面设计 08

现在的淘宝店铺越来越重视店铺设计的品牌辨识度，不仅要求页面设计能够满足商业需求，还对页面的视觉效果提出更高的要求，要求淘宝页面设计用视觉上的冲击去吸引买家、留住买家，让设计成为店铺的一种营销特色。

8.1 计算机端页面设计

在淘宝手机端没有取代计算机端淘宝购物主流地位之前，淘宝计算机端的页面设计尤为重要，用以实现淘宝美工创意设计的页面技术也很成熟。虽然淘宝手机端承担了淘宝购物的大部分流量，但是计算机端凭借其展示方便和内容丰富等，依旧是淘宝店铺品牌理念展示和店铺品牌文化展示的优质选择。

8.1.1 店招的设计

店招的默认尺寸是1 920像素×150像素（该尺寸包含页面的导航条），店招上的内容不会太多，主要用来展示店铺的形象。

第1步：打开Photoshop软件，按Ctrl+N组合键，在弹出的【新建】对话框中，设置宽度为1 920，高度为150，单位为像素，颜色模式为RGB颜色，并填写文件名称等，然后单击【确定】按钮。

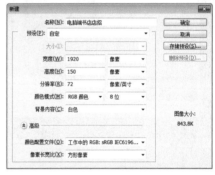

第2步：将准备好的素材拖入工作窗口中，按Ctrl+J组合键复制该素材；执行【视图】>【新建参考线】命令（快捷键为Alt+V+E），弹出【新建参考线】对话框，建立315像素和1 615像素的垂直参考线，以及120像素的水平参考线。

第3步：为书架素材图片做一个素描效果，作为店招背景。用鼠标左键单击选中复制的图片图层，然后单击鼠标右键，在弹出的菜单中选择【栅格化图层】命令，接着按Ctrl+Shift+U组合键执行【去色】命令，最后按Ctrl+J组合键复制去色的图层。

第4步：将复制图层的混合模式改为【线性减淡（添加）】，执行【图像】>【调整】>【反相】命令（快捷键为Ctrl+I），此时，画面会变为一片空白。

第5步：执行【滤镜】>【其他】>【最小值】命令，在弹出的选项中，输入【半径】值为1像素。

第6步：用鼠标左键单击【文字工具】，输入店铺文案并排版放入店招参考线以内（参考线的区域是小屏显示器显示的内容区域），接着调整背景图层的透明度，突出网店的文字信息。

第7步：选择【矩形工具】▢，在水平方向为120像素的参考线下，画一个黑色矩形，并添加相应的文字内容。

提示 ↓

如果背景是比较素的图，这里选择黑色的导航条进行搭配，形成视觉上的平衡。

8.1.2 通栏海报的设计

通栏海报的尺寸：宽为1 920像素，高大于或等于300像素，常用的高为500~800像素。

海报标题： 三月的吉他声

海报内容： 学的不只是吉他弹奏，还有努力与坚守

海报效果： 表现出书籍的特点

第1步：打开Photoshop软件，按Ctrl+N组合键，在弹出的【新建】对话框中，设置宽度为1 920像素，高度为600像素，颜色模式为RGB颜色，并填写文件名称等，然后单击【确定】按钮。

第2步：执行【视图】>【新建参考线】命令（快捷键为Alt+V+E），弹出【新建参考线】对话框，分别建立垂直方向为315像素和1 615像素的参考线。

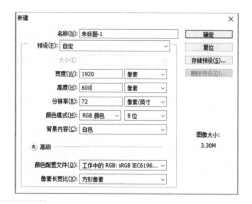

第3步：将收集的素材拖入工作窗口中，按Ctrl+T组合键调整素材的大小和位置，单击 ◙，选择【添加图层蒙版】给素材图层添加蒙版，再选择【画笔工具】 ✔ 在蒙版上涂抹，让图片融合得更加自然。

第4步：单击调整悬浮栏的【色相/饱和度】 ▦，然后在弹出的属性框中任意选择颜色，单击【色相/饱和度】属性框的【吸管工具】 ✎，吸取要改变的颜色，接着调整该颜色的色相、饱和度和明度。

第5步：将产品图片与海报信息放入图片中并排版。

提示 ↓

排版时，注意图片与海报信息的主次关系，以及整体的视觉平衡。

第6步：此时的页面在视觉上比较单薄，可以添加点、线、面元素来丰富画面，单击【矩形工具】 ▭ 画一条细长的线，接着复制该线，并调整好位置与图层的顺序。

第7步：这里背景颜色和产品图的色彩类似，接下来把背景做一个黑白处理，以拉大产品与背景的差别。单击调整悬浮框的【黑白】调整图层。

第8步：图中的颜色太单调，可以用笔刷给画面增加一些颜色，丰富页面的内容。单击选中文字标题图层，然后按Ctrl+N组合键创建一个空的新图层。接着选择【画笔】，在标题部分的新图层中添加颜色。用鼠标右键单击添加颜色的图层，在弹出的菜单中单击【创建剪贴蒙版】命令。

第9步：在书的后面添加颜色（可以从产品上吸取颜色），可以增加画面的层次感，通过加深该背景的颜色，让产品和文字信息更明显。单击黑白调整图层，按Ctrl+N组合键新建一个空白图层，选择【画笔工具】 ，单击鼠标右键，打开笔尖选项栏，选择合适的笔尖，按住鼠标左键不动并拖曳鼠标添加颜色。接着单击【图层2拷贝】图层，按Ctrl+N组合键新建空白图层，然后将空白图层填充黑色，并改变图层的不透明度，将画面变暗。

8.1.3 功能模块的设计

功能模块的宽为1 920像素，高度可以自由设置，功能模块主要为店铺的活动服务。接下来做一个简单的优惠券版块。

操作演示

扫描二维码观看
教学视频！

第1步：打开Photoshop软件，按Ctrl+N组合键，在弹出的【新建】对话框中，设置宽度为1 920像素，高度为600像素，颜色模式为RGB颜色，并填写文件名称等，然后单击【确定】按钮。

第2步：执行【视图】>【新建参考线】命令（快捷键为Alt+V+E），弹出【新建参考线】对话框，分别建立垂直方向为315像素和1 615像素的参考线。

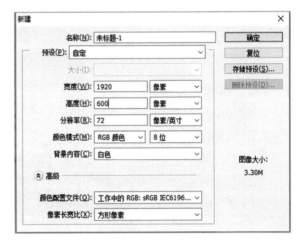

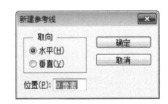

第3步：将优惠券的文案信息排版并添加到页面中，然后用【裁剪工具】 ✄ 裁剪掉多余的页面空间（前面所做的店招和海报都是大图，这里的优惠券会做小图，形成页面上的大小对比）。

第4步：对页面进行一些相关元素的添加，单击【矩形工具】 ▢ ，画一个描边的空心矩形，并框选优惠券信息（用矩形框把优惠券信息集中起来，形成一个整体，同时方便买家的浏览），添加相关的修饰文案。

第5步：将相关的图片素材拖入页面，用【自由变换】命令调整好图片的大小和位置。

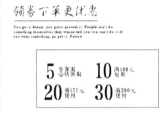

第6步：将页面中的图片素材做成素描效果，使页面的风格更加统一。

提示 ↓

功能模块指的是海报模块和商品展示模块之间的其他淘宝版块，这些版块用于展现店铺的重要信息，再结合店铺的风格定位进行设计。

8.2 手机端页面设计

手机移动端作为淘宝购物的主要流量来源，让手机端的页面设计也显得越来越重要。手机移动端相对于计算机端，更加方便、快捷，这也决定了手机端的购物浏览速度更加迅速。从店铺的后台数据监控中，可以得出一个结论，手机端页面前三屏的浏览量很高，而三屏后的页面浏览量明显降低。可见，设计好手机端的前三屏内容对淘宝店铺的推广很重要。

8.2.1 手机端海报的设计

手机端海报与计算机端海报的作用类似，都是为了展现淘宝店铺的活动。而手机端受到手机显示屏幕的限制，与计算机端的设计有明显的区别。手机端海报的宽为608像素，高小于或等于960像素。

◢ 操作演示

扫描二维码观看教学视频！

第1步：打开Photoshop软件，按Ctrl+N组合键，在弹出的对话框中，设置宽度为608像素，高度为336像素，颜色模式为RGB颜色，并填写文件名称等，然后单击【确定】按钮。

第2步：将产品图片和海报信息添加到工作区，用【文字工具】T.对文字进行排版。

第3步：单击【直线工具】／添加短线等元素来丰富画面，然后输入英文，并绘制产品的影子。（参考第7章案例的影子绘制。）

第4步：给图片添加底纹，让图片更有质感。单击背景图层，按Ctrl+N组合键创建一个新的空白图层，然后填充黑色，再将混合模式改为【溶解】，接着将图层的【不透明度】调整为1%。

> **提示 ↓**
> 手机端的显示屏幕比较小，为了信息的有效传递，文字的字号就要大，文字信息就会少很多。

8.2.2 手机端产品展示页面的设计

受到手机屏幕大小和手机界面技术的限制，手机端产品展示页面的设计没有计算机端页面设计那样自由，手机端设计常见的是分类展示和瀑布流展示。

✐ 操作演示

扫描二维码观看教学视频！

第1步：打开Photoshop软件，按Ctrl+N组合键，在弹出的对话框中，设置宽度为608像素，高度为1 500像素，颜色模式为RGB颜色，并填写文件名称等，接着单击【确定】按钮。

第2步：单击矩形工具画两个矩形。

第3步：按住Shift键的同时用鼠标左键单击选中这两个图层，按Ctrl+E组合键合并这两个图层。用同样的方法画出其他的图形。

第4步：单击单个的形状图层，拖曳鼠标，将产品图片拖入工作区，接着用鼠标右键单击产品图片图层，在弹出的菜单中选择【创建剪贴蒙版】，将图片剪贴到单个的形状图层中。

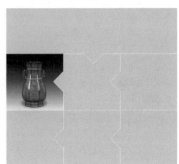

第5步：在其他的形状图层上填充产品，并添加上相关的文字。

提示 ↓

因为手机端的尺寸较小，展示不了太多的内容，所以手机端页面注重商品的展示和页面的功能。为了手机端信息高效的传递，手机端页面上的文字不能太小且文字的内容不能太多，否则会影响页面信息的传递。

8.3 自定义页面设计

因为自定义页面具有良好的创意表达力，所以现在在淘宝的大多数页面都是自定义的页面。自定义页面由前几个小节所讲的内容组合而成，总的来说，就是店招、海报、功能版块和产品展示版块的集合体，这也是淘宝目前的页面结构组成模式。

8.3.1 计算机端自定义页面设计

计算机端自定义页面设计注重页面的风格统一，注重产品的特点展示和店铺品牌的建立。自定义页面的宽是1 920像素（图片的重要信息要在页面中间1 290像素的部分展示），高度可以自由设置。下图是用前几小节所做内容拼凑而成的简单书店自定义页面。

8.3.2 手机端自定义页面设计

因为手机端已成为了淘宝购物的主要流量来源，所以淘宝一直在开发手机端装修的新功能，例如手机端的智能版块就是新开发的手机端模块，但手机端的自定义装修模块仍然是淘宝装修的主流模块，手机端自定义页面的宽为608像素，高可以自由设置。手机端也分为店招、海报、功能版块和产品展示版块。下图是前几小节所做的手机端页面的各个版块。

提示 ↓

手机端的显示屏幕较小，不适合展示太多的文字。再加上手机端买家有快速浏览的购物习惯，用图片展示的方式更能吸引买家。

提示 ↓

本书所讲的页面知识，都是自定义页面设计的知识，自定义页面也是当今淘宝的主流页面。

淘宝的页面设计，需要软件操作的部分并不难，难的是页面效果受到制作者的美感与设计水平高低的影响。作为淘宝美工，应多浏览相关的网站，提高美感，这对工作会有很大的帮助。

8.4 服饰类手机端页面设计

素材位置	素材文件>第8章素材
技术掌握	形状工具、剪贴蒙版、文字工具

要想做好页面的设计，需要精准地把握店铺的风格定位，每一种风格都有不同的特点。抓住并运用这些特点，才能做出有利于店铺经营的页面。

◎ 制作思路

服饰类目注重页面的设计感，不仅要求页面展现服装的风格，还要展现店铺的特色。利用平面构成的知识，结合服装的特点，就能做出独具风格的页面。

◎ 素材收集

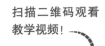

扫描二维码观看
教学视频！

8.4.1 服饰类手机端店招设计

店招须知

手机端店招的左下部，淘宝官方会自动放上店铺信息和店铺的Logo，所以在店招的左下部要预留一块位置，同时淘宝官方还会给店招加上一层黑色的透明色块，来降低店招的明度。

第1步：打开Photoshop软件，执行【文件】>【新建】命令，在弹出的【新建】对话框中，输入新建窗口的名称、宽度、高度，然后单击【宽度】后的下拉小三角，在弹出的单位选项栏中，选择像素等。接着单击【颜色模式】后的下拉小三角，在弹出的模式选项中选择RGB颜色，并单击【确定】按钮。

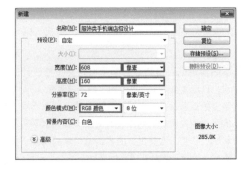

第2步：单击【椭圆工具】 ◯，并在【椭圆工具】 ◯ 属性栏中调整属性，接着按住Shift键并按住鼠标左键不放，拖曳鼠标绘制圆。

第3步：单击【椭圆工具】 ◯ 属性栏的【描边】，在弹出的选项中选择红色，接着按住Shift键并按下鼠标左键不放，拖曳鼠标绘制一个红色的空心圆。然后单击【移动工具】 ▶♣，并单击选中红色的圆，拖曳鼠标调整圆位置。

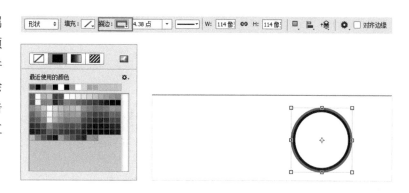

第4步：打开【素材文件】>【第8章素材】，将图片1拖入Photoshop的服饰类手机端店招设计窗口，按Ctrl+T组合键执行自由变换，然后单击自由变换的边框线不放，拖曳鼠标调整图片1的大小和位置。

第5步：单击【文字工具】 T，然后单击【文字工具】 T 属性栏的【切换字符和段落面板】 ▤，在弹出的面板中选择文字的字号等属性（字体选择较粗的标题字体），并输入文案。

第6步：单击【文字工具】 T，然后单击【文字工具】 T 属性栏中【字体】后的下拉小三角，选择较细的字体，与标题形成粗细对比，并输入文案。

第7步：单击【文字工具】T.，然后单击【文字工具】T.属性栏的【切换字符和段落面板】，在弹出的面板中调整文字的属性，并输入文字。

第8步：单击【矩形工具】，然后在【矩形工具】的属性栏中调整矩形属性，再按住鼠标左键不放，拖曳鼠标，在页面的中间位置画一个矩形。

第9步：单击矩形1图层，按Ctrl+J组合键复制矩形图层，然后单击【矩形1拷贝】图层，再单击【矩形工具】属性栏中【填充】后的下拉小三角，在弹出的颜色中选择红色。

第10步：单击【移动工具】，用方向键微调矩形的位置。

第11步：单击【文字工具】T.，然后单击【文字工具】T.属性栏的【切换字符和段落面板】，在弹出的面板中调整文字的属性，并输入文案。

8.4.2 服饰类手机端海报设计

手机端海报占据手机端页面的黄金位置，该位置图片的点击率能保证店铺信息得到最大化传播，这些因素也间接地影响活动的效果。同时作为手机首页的第一个大版块，该版块的设计影响着店铺的品牌形象。

第1步：打开Photoshop软件，执行【文件】>【新建】命令，在弹出的【新建】对话框中，输入新建窗口的名称、宽度、高度并单击【宽度】后的下拉小三角，在弹出的单位选项中，选择像素等信息。然后单击【颜色模式】后的下拉小三角，在弹出的模式选项中选择RGB颜色，并单击【确定】按钮。

第2步：打开【素材文件】>【第8章素材】，将图片2拖入Photoshop的服饰类手机端海报设计窗口，按Ctrl+T组合键执行自由变换，然后将鼠标指针置于自由变换的边框线上，按住鼠标左键不放，拖曳鼠标调整图片2的大小，接着单击工具属性栏后的✔。

第3步：单击【矩形工具】▬，然后单击【矩形工具】▬属性栏中【填充】后的下拉小三角，在弹出的颜色中选择红色，按住鼠标左键不放，拖曳鼠标画一个矩形。

第4步：单击矩形1图层，按Ctrl+J组合键执行复制图层，会生成一个【矩形1拷贝】图层，然后单击【矩形1拷贝】图层，再单击【矩形工具】▬属性栏中【填充】后的下拉小三角，在弹出的颜色中选择白色。

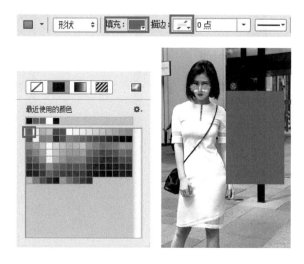

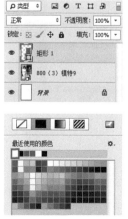

第5步：单击选中【矩形1拷贝】图层，按Ctrl+T组合键执行自由变换，然后将鼠标指针置于自由变换的边框线上，按住鼠标左键不放，按住Shift键并拖曳鼠标，等比例缩小【矩形1拷贝】图层。

第6步：单击【矩形工具】■，并在【矩形工具】■属性栏中调整属性，然后将鼠标指针置于画布上，按住鼠标左键不放，拖曳鼠标，给页面画一个黑色的边框。

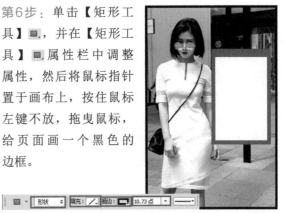

第7步：单击【矩形工具】■，然后单击【矩形工具】■属性栏中【填充】后的下拉小三角，在弹出的选项中选择红色。单击【矩形工具】■属性栏中【描边】后的下拉小三角，在弹出的选项中选择无颜色。

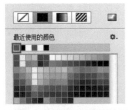 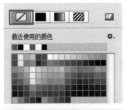

第8步：单击矩形3图层，按Ctrl+J组合键复制图层，然后单击【移动工具】，再单击【矩形3拷贝】图层，向下拖曳鼠标，最后按Ctrl+T组合键执行自由变换，调整【矩形3拷贝】图层的大小。

第9步：重复第8步的操作，画出3个矩形，并压住框线，增加页面的层次感。

第10步：单击【矩形工具】■，然后单击【矩形工具】■属性栏中【填充】后的下拉小三角，在弹出的选项中选择红色。再单击【矩形工具】■属性栏中【描边】后的下拉小三角，在弹出的选项中选择无颜色。

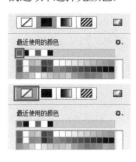

第11步：单击【文字工具】T.，然后单击【文字工具】T.属性栏的【切换字符和段落面板】■，在弹出的面板中选择文字的字号、字体等属性（字体选择较粗的标题字体），输入文案。

第12步：单击【文字工具】T.，然后单击【文字工具】T.属性栏的【切换字符和段落面板】■，在弹出的面板中选择文字的字号、字体等属性，输入文案。

第13步：单击【文字工具】T.，接着单击【文字工具】T.属性栏的【切换字符和段落面板】，在弹出的面板中选择文字的字号、字体等属性，输入文案。

第14步：单击【矩形工具】，然后单击【矩形工具】属性栏中【填充】后的下拉小三角，在弹出的选项中选择黑色。单击【矩形工具】属性栏中【描边】后的下拉小三角，在弹出的选项中选择无颜色。

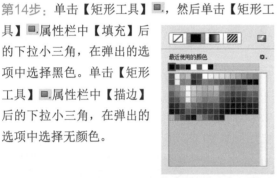

第15步：单击【文字工具】T.，然后单击【文字工具】T.属性栏的【切换字符和段落面板】，在弹出的面板中选择文字的字号、字体等属性，输入文案。

8.4.3 服饰类手机端页面设计

服饰类的手机端页面需要展示服装的上身效果，手机一屏的内容放一张或两张图片效果最佳，服饰页面的设计可以任意地发挥想象，同时结合基本的构图法则，就能做出让顾客耳目一新的手机端页面。

第1步：打开Photoshop软件，执行【文件】>【新建】命令，在弹出的【新建】对话框中，输入新建窗口的名称、宽度、高度并单击【宽度】后的下拉小三角，在弹出的单位选项中，选择像素等信息。然后单击【颜色模式】后的下拉小三角，在弹出的模式选项中选择RGB颜色，最后单击【确定】按钮。

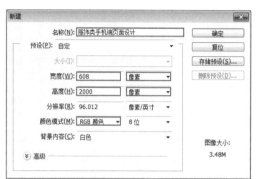

第2步：打开【素材文件】>【第8章素材】，将图片3拖入Photoshop的服饰类手机端页面设计窗口，按Ctrl+T组合键执行自由变换，然后将鼠标指针置于自由变换的边框线上，按住鼠标左键不放，拖曳鼠标调整图片3的大小，最后单击工具属性栏后的✔。

第3步：单击【矩形工具】▢，然后单击【矩形工具】▢属性栏中【填充】后的下拉小三角，在弹出的颜色中选择黑色，最后按住鼠标左键不放，拖曳鼠标画一个矩形。

第4步：将鼠标指针置于矩形1上，按住鼠标左键不放，向下拖曳鼠标，将矩形1图层顺序调到图片3图层下。

第5步：单击调整悬浮栏的【黑白】▣，会添加一个"黑白调整"图层，用鼠标右键单击"黑白调整"图层，在弹出的菜单中选择【创建剪贴蒙版】命令，然后单击选中【蒙版工具】，再选择【矩形选框工具】▣，框选不需要进行改变的地方。

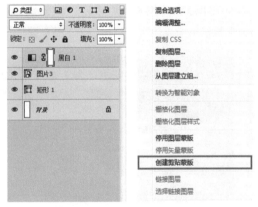

第6步：按D键，恢复默认的前、后景色▣，按Alt+Delete组合键填充前景色，然后按Ctrl+D组合键取消选区，就会将选框填充为黑色，不显示蒙版的改变。

第7步：单击【蒙版工具】，再选择【矩形选框工具】▣，然后框选不需要进行改变的地方。按Alt+Delete组合键填充前景色，接着按Ctrl+D组合键取消选区，就会将选框填充为黑色，不显示蒙版的改变。

第8步：单击【文字工具】
T.，然后单击【文字工具】T.
属性栏的【切换字符和段落面
板】■，在弹出的面板中选择
文字的字号等属性，最后输入
文案。

第9步：单击【文字工具】
T.，然后单击【文字工具】
T.属性栏的【切换字符和段
落面板】■，在弹出的面板
中调整文字工具的属性，最
后输入文案。

第10步：单击图层悬浮栏底部的 ■ 创建新组，图
层中会出现一个组，然后
双击组的名称。可对组命
名。接着按住Shift键并单
击其他图层，再按住鼠标
左键不放并拖曳鼠标，将
选中的图层拖入组。

第11步：单击【矩形工具】■，然后单击【矩形工
具】■.属性栏中【填充】后的下拉小三角，在弹出
的颜色中选择黑色，接着单击【矩形工具】■.属性
栏中【描边】后的下拉小三角，选择无颜色，最后
将鼠标指针置于画布上，按住鼠标左键不放，拖曳
鼠标画一个矩形。

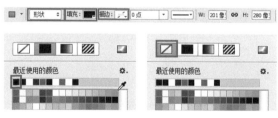

第12步：单击矩形2，按Ctrl+J组合键复制图层，会生成一个【矩形2拷贝】图层。单击【矩形2拷贝】图层，按Ctrl+T组合键执行自由变换，再将鼠标指针置于变换的边框线上，按住鼠标左键不放，拖曳鼠标缩小【矩形2拷贝】图层的高。然后将鼠标指针置于【矩形2拷贝】图层上，按住鼠标左键不放，拖曳鼠标移动【矩形2拷贝】图层的位置，最后单击工具属性栏后的✔。

第13步：单击【矩形工具】■，然后单击【矩形工具】■属性栏中【填充】后的下拉小三角，在弹出的颜色中选择红色，接着单击【矩形工具】■属性栏中【描边】后的下拉小三角，选择无颜色，最后将鼠标指针置于画布上，按住鼠标左键不放，拖曳鼠标画出矩形。

第14步：单击矩形2图层，然后按Ctrl+J组合键复制矩形2图层，会生成一个【矩形2拷贝2】图层。再按D键，恢复默认的前、后景色■，最后按Ctrl+Delete组合键填充后景色。

提示 ↓

这里的一系列操作，可以理解为画几个不同大小、不同颜色的矩形，相互叠加形成面与面的相交。简单地说，就是面与面的应用，在操作时要注意同一组叠加的面大小不同，但长宽比例是不变的。

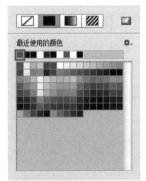
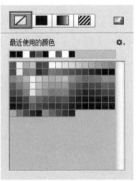

第15步：按Ctrl+T组合键执行自由变换，然后将鼠标指针置于自由变换的边框线上，按住鼠标左键不放，同时按住Shift键，拖曳鼠标等比例缩小【矩形2拷贝2】图层。

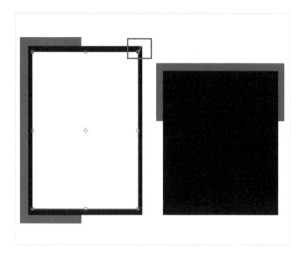 

第16步：重复第15步的操作，将右边的矩形做同样的处理。

第17步：单击【矩形 2 拷贝 2】图层，打开【素材文件】>【第8章素材】，将图片4拖入窗口，此时图片4的图层会在【矩形2 拷贝 2】图层上方。

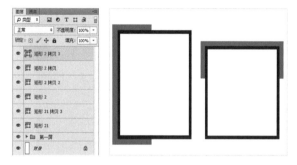  

第18步：单击图层3图层，在弹出的菜单中选择【创建剪贴蒙版】命令，图层3就会剪贴到【矩形2拷贝2】图层中，按Ctrl+T组合键执行自由变换，然后将鼠标指针置于自由变换的边框线上，按住鼠标左键不放，拖曳鼠标调整该图片的大小，最后单击工具属性栏后的 ✔。

第19步：单击选中【矩形2拷贝3】图层，打开【素材文件】>【第8章素材】，将图片5拖入窗口，此时图片5的图层会在【矩形2拷贝3】图层上方。

第20步：用鼠标右键单击细节4图层，在弹出的菜单中选择【创建剪贴蒙版】命令，细节4图层就会剪贴到【矩形2拷贝2】图层中，按Ctrl+T组合键执行自由变换，然后将鼠标指针置于自由变换的边框线上，按住鼠标左键不放，拖曳鼠标调整该图片的大小，最后单击工具属性栏后的✔。

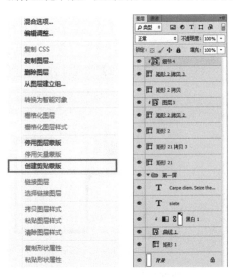

第21步：用鼠标左键单击【文字工具】T，然后单击文字工具属性栏的【切换字符和段落面板】，在弹出的字符选项栏中选择文字的字号、字体等属性，最后输入文案。按Ctrl+T组合键执行自由变换，并拖曳鼠标调整文案位置。

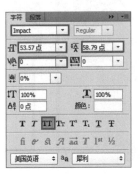

第22步：单击图层悬浮栏底部的 🗀 创建新组，图层中会出现第二个组，然后双击组的名称，可对组命名，接着按住Shift键，并单击其他图层，最后拖曳鼠标，将选中的图层拖入组。

第23步：单击【矩形工具】■，然后在【矩形工具】■的属性栏调整矩形属性，接着将鼠标指针置于画布上，按住鼠标左键不放，拖曳鼠标，在页面上画一个矩形。

第24步：单击选中矩形22图层，打开【素材文件】>【第8章素材】，将图片6拖入窗口中，此时图片6的图层会在矩形22图层上方。

第25步：用鼠标右键单击图层5，在弹出的菜单中选择【创建剪贴蒙版】命令，图层5就会剪贴到矩形22图层中，按Ctrl+T组合键执行自由变换，然后将鼠标指针置于自由变换的边框线上，按住鼠标左键不放，拖曳鼠标调整该图片的大小和位置，最后单击工具属性栏后的 ✓。

第26步：单击【矩形工具】■，然后在【矩形工具】■属性栏中调整矩形的属性，画一个白色的矩形。

第27步：单击【文字工具】T，然后单击【文字工具】T属性栏的【切换字符和段落面板】圖，在弹出的面板中选择文字的字号、字体等属性，最后输入文案。

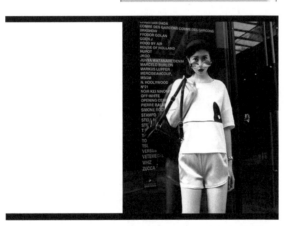

第28步：单击【矩形工具】■，然后在【矩形工具】■属性栏中调整矩形的属性，画一个红色的矩形。

第29步：参考第22步的操作，创建新的组，并将相关图层放入新的组。

第30步：单击【矩形工具】 ▣ ，然后在矩形工具属性栏中调整矩形的属性，画一个黑色的矩形。

第31步：按Ctrl+J组合键复制矩形图层，生成【矩形26拷贝】图层，然后单击【矩形26拷贝】图层，按Ctrl+T组合键执行自由变换，再将鼠标指针置于自由变换的边框线上，按住鼠标左键不放，拖曳鼠标缩小【矩形26拷贝】图层的高，接着单击【矩形26拷贝】图层，按住鼠标左键不放，拖曳鼠标调整矩形26拷贝图层的位置，最后单击工具属性栏后的 ✔ 。

第32步：单击矩形26图层，打开【素材文件】>【第8章素材】，将图片7拖入窗口中，此时图片7的图层会在矩形26图层上方。

第33步：用鼠标右键单击图层6图层。在弹出的菜单中选择【创建剪贴蒙版】命令，图层6就会剪贴到矩形26中，按Ctrl+T组合键执行自由变换，然后将鼠标指针置于自由变换的边框线上，按住鼠标左键不放，拖曳鼠标调整该图片的大小和位置，单击工具属性栏后的 ✔ 。

第34步：重复第32步和第33步的操作，在右边的矩形中添加图片。

第35步：单击【矩形工具】█，然后在【矩形工具】█属性栏中调整矩形的属性，画一个描边的矩形。

第36步：单击【文字工具】T.，然后单击【文字工具】T.属性栏的【切换字符和段落面板】█，在弹出的面板中选择文字的属性，最后输入文案。

第37步：参考第22步的操作，创建新的组，并将相关的图层放入新的组。

第38步：单击【矩形工具】█，然后在【矩形工具】█属性栏中调整矩形的属性，画一个黑色的矩形。

第39步：单击【文字工具】T.，接着单击【文字工具】T.属性栏的【切换字符和段落面板】█，在弹出的面板中选择文字的属性，最后输入文案。

第40步：参考第36步的操作，添加文案。

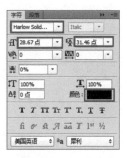

全场满198元或3件包邮

¥10 领 满198元使用
¥20 领 满258元使用
¥30 领 满358元使用
¥50 领 满588元使用

4月17日 新品包邮

50% OFF
10:00半价购
4/17 10:00拍下并付款前
300名享半价优惠
（订单中任意单品享半价）

零食礼包
4/17 10:00拍下并付款
前1900名送
（限量1900份）

淘宝页面的设计分析 09

随着淘宝的发展，越来越多的艺术系学生毕业后加入淘宝大军，提升了淘宝页面的整体设计水平。而今的淘宝页面一改从前的务实橱窗风格，形成以平面构成为主，设计风格迥异的个性化页面。随着网购从计算机端到移动端的转变，页面设计出现了是应以移动端为主还是以计算机端为主的争论，商家应根据自身经营特点，选择各自的页面设计方向。

9.1 服饰页面设计分析

服饰类的页面要求时尚美观，以此衬托服装的时尚性，在页面的用色上多选择纯度较高的颜色，受手机和计算机屏幕显示尺寸的限制，在页面设计上手机端与计算机端有所区别，在页面设计中添加服装上的元素，加强服装与页面的联系。

这里以淘宝某品牌的页面设计为例，分析讲解其页面的结构、配色、排版和元素等页面的组成部分，帮助大家认识和了解页面。

9.1.1 页面结构解析

整个页面没有用传统橱窗类页面的设计方式，而是用单屏大图的设计方式，这种处理方式多用于淘宝手机端页面的装修，事实上该品牌适合以手机端页面设计为主的设计方向。所以该页面是根据淘宝手机端的特点进行的设计。

整个页面分为4大版块，第一个版块为店招版块，有店铺Logo、店铺标语、关注和店内搜索内容，相比于其他类目的店招，服饰类目的店招主要起装饰作用，从例图中可以看出设计者对这一块的处理很随意。第二个版块是页头的前三焦，这三焦是店铺中点击率最高的部分，用来展示店铺正在进行的活动以及店铺的重要信息，如这里的活动海报、活动优惠券和活动说明都是用来增加活动的曝光度，提高活动的参与度的。第三个版块为功能版块，主要服务于店铺，满足店铺的营销策略需要，如这里的页面导航、分类导航、活动页导航和购物提示等能提高店铺的销量。第四个版块为商品展示版块，用来展现商品特点，吸引买家点击浏览商品。

提示 ↓

明确以手机端为主或以计算机端为主而设计的页面，能够节省淘宝美工的工作时间，并且认真地做好一个端口的设计，所带来的价值不比粗放地做两个端口的价值低。做好一个端口后只需要在源文件中略微修改，然后存储成相应的尺寸即可。

9.1.2 页面配色解析

通常一个页面的颜色超过3种，就会降低页面的统一性，但是服装本身的色彩较多，很难做到颜色的统一，并且在淘宝美工工作中，页面的更新频繁，新的页面会直接叠放在旧页面上，就会造成页面出现主色不同的情况。

该页面的上半部分，主色为#019de9的高明度、高饱和度的蓝色，配上#fcf9cc高明度、低饱和度的黄色，点缀高明度#ff5b97中饱和度的红色，是一个高明度的间色搭配，高明度的颜色搭配给人以阳光、明亮的感受，在颜色的处理过程中，蓝色与黄色的运用，造成大面积的撞色，将黄色的饱和度降低，就增加了蓝色的视觉比重，减弱了这种颜色的冲突感。接着点缀少许红色，使页面的颜色更加丰富。

主色#019de9　　　　辅色#fcf9cc　　　　# ff5b97

主色#0f1891　　　　　辅色#fdef0a

该页面的下半部分用#0f1891中明度、高饱和度的蓝色作为主色，用#fdef0a高明度、高饱和度的黄色作为辅色，是一种高饱和度的补色配色。高饱和度的颜色有很强的视觉冲击力，而补色的搭配让这种冲击力更加强烈，因为补色具有冲突性，所以补色搭配比其他颜色搭配更难掌控。主色选择中明度的蓝色，大面积运用主色时，中明度蓝色能降低颜色的视觉比重，并点缀少许高明度的黄色，降低蓝色的视觉比重，让页面的颜色更加丰富，页面的内容更加饱满。

9.1.3 页面排版解析

该页面采用中间对齐的方式，让视觉比重集中在中轴线上，是一种视觉中心相对平衡的排版方式。页头大版面的撞色，形成强烈的视觉冲击，然后是留白的中上部排版，缓解页头强烈视觉冲击带来的疲劳感，接着是中部的通栏大图和底部的留白排版，形成视觉重心的强—弱—强—弱变化，缓解买家浏览页面时产生的视觉疲劳。

标识1为店招部分，因为与页面导航条左对齐，导致整体构图上偏向左构图。左构图的店招是淘宝页面的习惯构图，它的视觉重心相对偏左，但整体所占页面的比重较少，不影响页面整体排版的视觉重心。

标识2为活动海报部分，采用左右排版，海报中文字后的色块降低模特的视觉比重，并与文字形成前后对比。图周围的黄色边框减弱图片的视觉比重，让页面下的蓝色部分在视觉重心上较好地衔接，同时用大面积的撞色，形成视觉上的强烈冲击。

标识3为不规则排版，这种排版方式，既能体现版块的整体性，又让版块灵活多变、不呆板，是一种创意性的排版方式。

标识4为平衡构图，是一种稳定的排版结构，视觉重心相对平衡，但是这种排版方式容易造成呆板的感觉。这里上下不规则的排版，减弱了呆板的感觉。

标识5为左构图，视觉重心偏左。但标识5为左悬浮窗口，就是始终停留在计算机屏幕的中间。这是页面设计的一个内容补充，作为一个独立的模块存在，当然要求该模块符合首页的风格。

标识6为斜构图，斜构图会让人产生运动的感觉，可用于营造活泼俏皮的氛围，它也是一种创意性的排版方式。

标识7为平衡构图，作为页面的内容补充。

标识8为高度自由的设计版块，在排版构图上很自由，可以随意发挥创意想象，但是设计时要运用构成的知识，注重页面的平衡以及页面各元素之间的关系。

9.1.4 页面元素解析

一个完整的淘宝页面可以拆分为4个部分，即主体、文字、背景和装饰。这4个部分也是页面的组成元素，本节分析该页面的元素，加深读者对元素的理解与运用。该页面所用的元素中，点、线、面的运用较多，图片与文字富有现代感，属于现代构成主义风格，在淘宝中较准确的说法为欧美街拍风。

标识1店招部分的元素由文字、Logo、简单的几何图形和一个黑色矩形组成。

标识2为页头的活动海报，主要元素有点、线、面和几何图形，主体是居右的时尚人物模特，文字用活泼的字体与主体呼应。背景为蓝色、黄色的撞色色块，然后用点、线、面和几何图形作为装饰修饰页面。

标识3是导航页面，主要元素为点、线、面，主体为中间最大的版块，并搭配现代感的文字解释主体。背景为白色，以衬托主体，色块修饰版块，营造统一风格的氛围。

标识4用点、线、面修饰主体，让主体模特突出，吸引买家点击浏览。

标识5主要用色块作为装饰，增加悬浮栏的时尚气息，并符合页面的整体风格。

标识6的主体为中间的蓝色块，字体上用到粗细对比和大小对比等排版方式，背景为蓝色杂点，用斜线和字母作为装饰，该图的视觉重心先在中间文字上，接着会移到左边有蓝色边框的图上，然后视觉重心向右移动到图片上。

标识7的主体是富有表达力的模特图片，背景用蓝色杂点图衬托主体，丰富画面，文字主要起装饰作用，修饰画面，增强画面的风格氛围。

标识8的主体为图片，视觉重心随图片的大小而转移。

标识9的主体为模特图，背景为蓝色面与网格拼接，用手绘模特图和几何元素装饰画面。

标识10的主体为拼接图，视觉重心随浏览者的看图习惯而转移。

9.1.5 页面总结

下面分析该服饰类页面，总结该页面的优点与不足（由于时间节点的原因，页面的设计时间短促，所以设计者在设计上会有一些不足之处）。

优点：该页面对色彩的掌控很细致，运用高明度和高饱和度的色彩作页面的色调，并且这些颜色主次分明，页面的颜色丰富且有秩序。模特图片的质量很高，风格性与统一性很好，帮助页面设计者营造风格氛围。设计者的审美很高，页面整体富有美感。页面设计者对元素的运用很熟悉，使页面的内容丰富而有趣。

缺点：细节部分还可继续深入刻画，细节处的留白需要斟酌，紧凑的地方呼吸感不够，服装展示图留白太多，让页面显得空旷。

修改意见：标识1和标识5的细节还需继续处理，标识1的标语与活动时间通告的排版很怪异，标识5对脚的细节需要处理干净。标识2、标识3与标识4的排版太紧凑，呼吸感不足。

9.2 珠宝页面设计分析

珠宝类目因为商品的高价值，在页面设计中需要展现珠宝的高端大气，同时珠宝类的受众通常为现代女性，所以页面配色应相对女性化。

9.2.1 页面结构解析

该页面没有用单品大图的方式来展示商品，而用多图排列的方式来展示商品，是根据计算机端显示特点设计的页面。

该淘宝页面可分为店招、海报、优惠券和商品展示4个内容区。店招上的内容有Logo、店铺名称、店铺标语和店铺优惠券，买家在淘宝购物时，店招会一直出现在买家的淘宝页面中。因为这个特性，店招上常常添加一些活动、主推商品和优惠券等重要信息。海报是宽为1 920像素的通栏海报，小额的优惠券可以促进买家下单，这里的优惠券额度很小，可以认为这是一个长期存在的优惠券。商品展示区类似画册的形式，能够展示较多的商品。

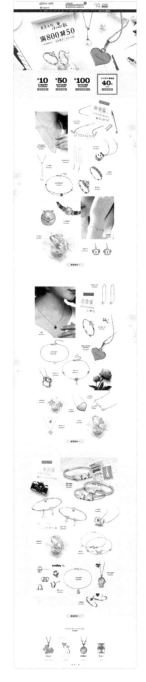

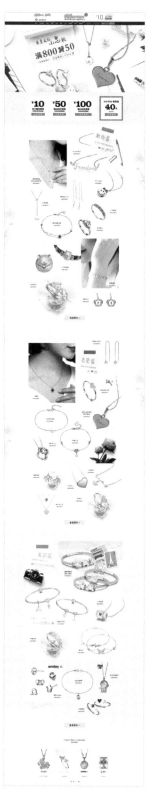

9.2.2 页面配色解析

该页面主色为#f6e8e5，是一种较高明度和低饱和度的红色，辅色为较高明度的灰色。整个页面采用的是灰色系的颜色搭配，这种灰色系的颜色搭配给人以舒适的感觉，并且灰色系的颜色能够缓解眼睛疲劳。简单地说，就是眼睛看灰色系的东西，相较于看其他色系的东西，能看得更久。

主色#f6e8e5

辅色#f1f1ef

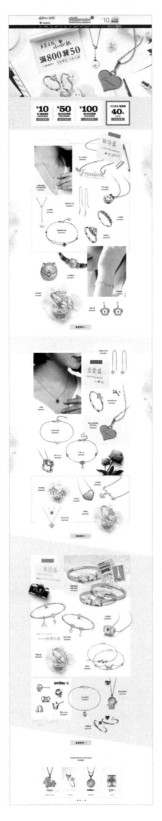

9.2.3 页面排版解析

页面整体为S形的引导线排版方式，这种排版方式会引导视觉重心，让视觉重心随S形的引导线轨迹移动。页面的商品展示类似于画册的处理方法，是淘宝页面设计中较为创新的方法。商品用不规则的排列方式排版，显得新颖、不呆板。

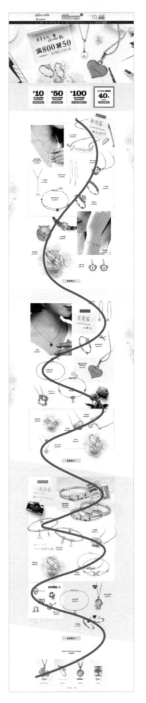

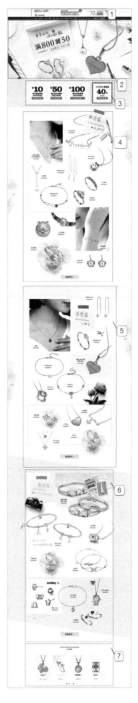

标识1的店招部分，排版上用左右对称排版方式，视觉重心相对平衡。

标识2的海报部分，类似于环形排版，环形排版的氛围塑造能力很强，是活动常用的排版方式。

标识3的优惠券版块，类似于正负排版，增强该版块的空间感和层次感。

标识4是不规则排版，在版式上很新颖，并用框线增加这一版块的整体性。

标识5是不规则排版，并添加框线以增加这一版块的整体性。

标识6是不规则排版，用面加强这一版块的整体性。

标识7为平衡排版，视觉重心相对平衡。

9.2.4 页面元素解析

该页面依旧是点、线、面的构成页面，并运用与商品意向相关的元素丰富页面的内容。从所选元素来看，该页面属于现代风（珠宝类目对风格的要求没有服饰类目那样严苛，只要求页面精致美观，能够展现商品的特点即可）。

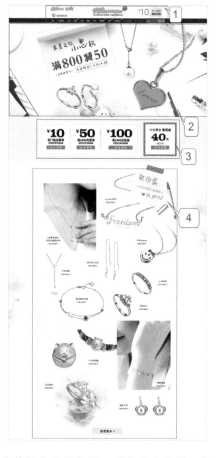

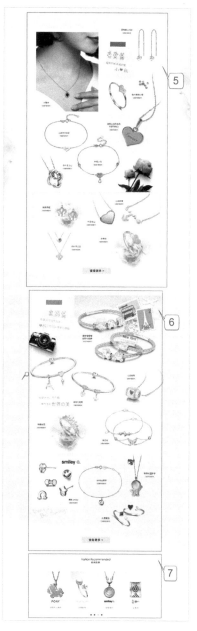

标识1的主体为文字和优惠券，背景为灰色渐变。当文字和主体能够支撑页面时，装饰可以简化或省略。

标识2的主体为项链与戒指，文字采用大小对比的排版方式，背景为优雅大气的图片，装饰为书卷和花朵。

标识3的主体为文字，背景为白底图，装饰为矩形。

标识4的主体为产品，文字既有解释说明的作用，又有修饰主体的作用，背景为白底图，并用几何图形进行修饰。

标识5的主体为产品，文字既有解释说明的作用，又有修饰主体的作用，背景为白底图，并用几何图形进行修饰。

标识6的主体为产品，文字既有解释说明的作用，又有修饰主体的作用，背景为白底图，并用几何图形进行修饰。

标识7的主体为产品推荐，以图片的形式向顾客展示了其他的类似饰品，没有做过多的修饰，主要表现饰品造型。

9.2.5 页面总结

结合以上所讲的知识点，下面对整个页面进行优缺点分析，帮助大家加深对页面的理解，增强自身的设计能力。

优点： 页面的色调统一，色感舒适，运用高明度、低饱和度的红色作为主色，用高明度的灰色为辅色，温馨不刺眼，能缓解眼睛长时间浏览页面产生的疲劳；点、线、面的运用纯熟，页面排版大胆、新颖、敢于创新。

缺点： 产品排版主次不分明，给人缭乱的感觉，产品的表现力差，展现不出产品的优势，页面的细节制作粗糙，需要继续修改细节。

修改意见： 标识1店招的部分，店招的中间文字整体偏大，店招排版不和谐，左中右元素的间距不相等，导致店招排版怪异。标识2的海报部分，海报的主次不明显，文字的排版粗糙，产品的摆放杂乱（没有处理好产品的摆放关系）。标识3的优惠券整体偏大，相对于整个页面不协调。标识4与标识5的问题一样，商品的排版没有主次，页面的细节太粗糙。标识6的排版没有主次，但细节上明显比标识4和标识5细致。

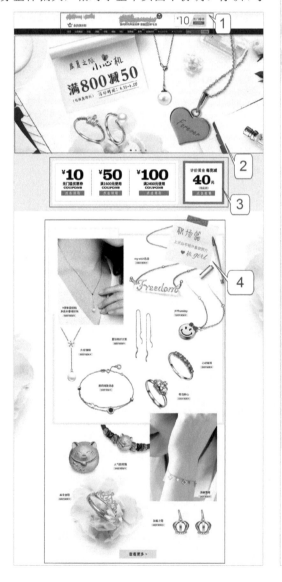

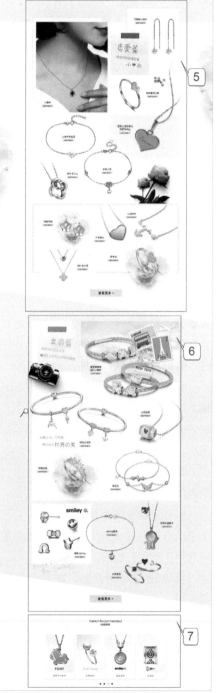

9.3 餐具页面设计分析

餐具是人们熟悉的生活物品，因为这种熟悉，使得餐具的页面设计向餐具印花展示和餐具特殊器型展示的方向发展。本节分析一个淘宝餐具的页面，以加深大家对淘宝餐具页面的认识。

9.3.1 页面结构解析

整个页面以多图排列的方式进行排版，是淘宝中常用的橱窗排版方式。这种排版方式因其具有良好的商品展示性，以前一直是淘宝的主流排版方式，但橱窗式排版处理不好时容易使页面呆板。

该淘宝页面可分为店招、海报、活动营销（收藏营销、单品海报）和商品展示4个内容区，同时店招中放上了店铺的优惠券，方便买家领取（淘宝计算机端的各个页面都会出现店招）。海报上添加了分类导航，对于餐具这种功能分明的类目，分类导航可以有效地将流量引到分类产品中，并可方便买家的查找。

提示 ↓

店招上的关注和收藏等内容，从来都不是固定不变的，可以根据实际情况增减。

9.3.2 页面配色解析

　　该淘宝页面的主色为#000000的黑色，辅色为低明度的灰色，这两种颜色可以搭配其他任意的颜色。对于该淘宝页面复杂的背景色调（餐具因为拍摄的背景复杂，导致在排版时，很难做到色调的统一），该配色有很好的协调作用，同时黑色和灰色的配色通常能用来彰显商品的质感。

主色#000000

辅色#4c4c4c

9.3.3 页面排版解析

　　页面整体为橱窗式的排版，橱窗式的排版是淘宝的主流排版方式，在商品的展示上有很多优点。但是橱窗式的排版比较呆板，需要高明的设计方式去减弱这种呆板，该页面在橱窗展示区做了一些变化，以减弱这种呆板的印象。

　　标识1的主体为优惠券，文字为店铺Logo和店铺标语，排版上为左右排版，但是右边优惠券的视觉重心偏重。

　　标识2的主体为产品，低饱和度的黄色让白色色块十分明显，视觉重心在白色色块的文字上。

　　标识3属于运营方案模块，该模块以实现营运方案为目的，排版上相对平衡，注重页面信息的传达。

　　标识4为产品展示模块，是一种平衡的橱窗展示方式。这里的排版容易给人留下页面呆板的印象。

　　标识5也是一种橱窗式的排版方式，用特异排版的方法减弱标识5的呆板。

　　标识6与标识7都是橱窗式的排版，用特异排版的方法，减弱版面重复性。

提示 ↓

特异是平面构成的一种方法，用某一处突兀的不同吸引眼球。除特异外，平面构成方法还有重复、旋转、放射和对称，这里就不详细介绍了，感兴趣的读者可以了解一下。

9.3.4 页面元素解析

　　整个页面由点、线、面结构组成，并且运用了产品印花与树叶素材。橱窗式的排版加强了元素的整体性，这是一种现代构成风格的页面。

　　标识1的元素有树叶背景、店铺Logo、店铺标语和店铺优惠券，树叶元素属于相对文艺的风格。

　　标识2的元素有产品图片和店铺文案，在这一块的元素运用处理上，营造了现代简洁的页面风格。

　　标识3为实用性的运营策略版块，运用面和文字来展现运营内容，同时用产品印花来制作产品的活动推广海报，强调了产品的特性。

　　标识4、标识5、标识6、标识7为商品展示，所用元素类似，都为产品图片，并运用点线组合来修饰页面。

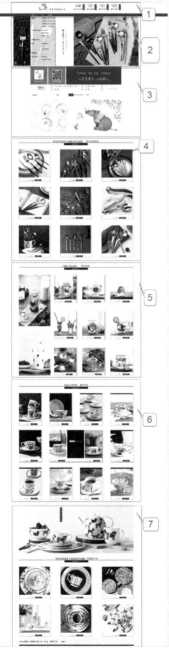

9.3.5 页面总结

　　综合以上所讲的知识点，下面来分析该页面的优缺点，以帮助大家在页面设计制作中扬长避短，发挥更好的水平。

　　优点：点、线、面的运用较为纯熟，产品图片与线框叠加的方式让人耳目一新。整个页面简洁统一，页面整体性好，同时橱窗式排版的页面，使页面的产品展示效果较好。

　　缺点：店招所用树叶元素与整体不合，页面的橱窗排版方式使页面主次结构不明显（尽管用特异排版方式增加了页面的多样性，但页面依旧显得呆板）。

9.4 页面修改

素材位置	素材文件>第9章素材
技术掌握	修补工具、矩形选取、自由变换、混合模式

本节对第9.2.5小节的珠宝页面进行修改，因为没有原页面的PSD文件，所以我们在页面图上进行修改。在页面图上的修改意味着图上的信息只能缩小而不能放大（放大会使图片的像素失真）。在工作中也会面临没有源文件的情况，这个时候就只能在图片上进行修改。

◎ 修改思路

原页面最大的问题是排版太紧凑，没有呼吸感；页面主次不强，使页面没有视觉重点。对此问题的解决方法是将页面产品减少，留出空白；加强页面的结构，使页面的主体明显。对原图的修改，总结起来就是补、修、换、添、删5个字。

◎ 素材收集

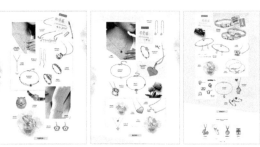

扫描二维码观看
教学视频！

9.4.1 店招的修改

原本的店招只留下了优惠券的信息，取店招的空白部分，覆盖店招上需要修改的内容，然后添加新的店招信息。

第1步：打开【素材文件】>【第9章素材】>【珠宝原图】文件，将珠宝原图拖入Photoshop软件。

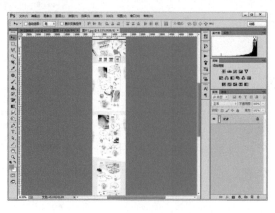

第2步：按Ctrl+J组合键复制一个背景图层，单击背景图层前的眼睛图标，关掉背景图层的视图。

第3步：单击【矩形选框工具】，此时鼠标指针变为图标，然后用【矩形选框工具】框选店招上的渐变部分。

第4步：按Ctrl+J组合键复制一个渐变的部分，然后单击【移动工具】，再单击图层2图层，拖曳鼠标将需要替换的信息遮住。

第5步：单击图层2图层，按Ctrl+J组合键复制生成【图层2拷贝】图层，然后单击【移动工具】，再单击【图层2拷贝】图层，拖曳鼠标将需要替换的信息遮住。

第6步：单击【自定形状工具】，然后单击自定义形状工具属性栏中【形状】后的下拉小三角，在弹出的图形选项中选择任一图形作为店铺Logo。接着将鼠标指针置于店招处，按住鼠标左键不放，拖曳鼠标就能将该图形添加到店招上。

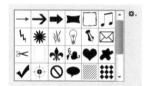

第7步：单击【文字工具】，然后添加店铺信息，并按Ctrl+T组合键调整图形大小与位置。

第8步：单击【矩形工具】▢，然后在【矩形工具】▢属性栏中调整矩形属性，接着将鼠标指针置于店招处，按住鼠标左键不放，拖曳鼠标绘制形状。

第9步：单击【文字工具】T.，然后添加店铺信息，并按Ctrl+T组合键调整图形大小与位置。

第10步：单击【矩形选框工具】▢，此时鼠标指针变为 ＋ 图标，然后用【矩形选框工具】▢框选店招上的优惠券部分。

第11步：单击图层1图层，按Ctrl+J组合键复制一个优惠券为图层3，然后单击图层3，按Ctrl+T组合键执行自由变换，接着将鼠标指针置于自由变换的边框线，按住鼠标左键不放，拖曳鼠标调整图形大小。

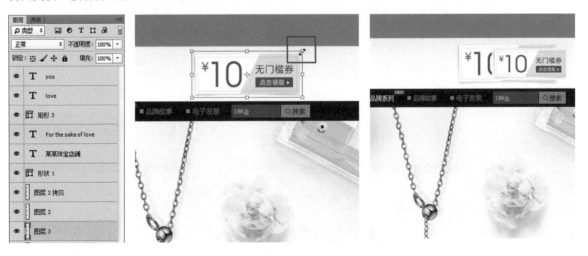

第12步：重复第5步的操作，遮挡住图层1的优惠券，此时要注意图层的顺序。

第13步：单击图层悬浮栏下的 ▢ 创建新组，然后双击【组1】可更改组的名称。接着按住Shift键不放，单击店招的所有修改图层，最后将这些图层拖曳到组中。

9.4.2 海报的修改

该海报的结构不明显，商品摆放杂乱，导致海报的主次不明显，在信息的传达上不明确，不符合海报快速传达信息的特点，这里的修改方法是将海报重新排版。

第1步：单击【多边形套索工具】▽，然后框选需要调整的产品。

第2步：按Ctrl+J组合键复制图层，生成一个新的图层4，再按住Ctrl键并单击图层4的缩略图，会生成图层4形状的选框。

第3步：单击图层4前的眼睛图标 👁，关掉图层4的视图。然后单击【仿制图章工具】⚒，再单击海报中的空白部分选择源点，接着将鼠标指针置于选框中，按住鼠标左键不放，拖曳鼠标进行修改，修改完成后按Ctrl+D组合键取消选区。

第4步：单击图层4前的眼睛图标 👁，打开图层4的视图。单击图层4，接着单击【移动工具】▸⊹，拖曳鼠标调整图层4在海报中的位置。

第5步：单击【多边形套索工具】 ，然后框选图层4需要删除的部分，接着按Delete键删除，最后按Ctrl+D组合键取消选区。

第6步：重复第1~5步的操作步骤，对右边的商品进行修改。

第7步：重复第1~5步的操作步骤，对左边的商品进行修改。

第8步：单击图层1，然后单击【修补工具】 ，拖曳鼠标框选小画卷中的文字，接着将鼠标指针置于选框中，按住鼠标左键不放，拖曳鼠标到海报的空白位置。

第9步：打开【素材文件】＞【第9章素材】文件，将素材1拖曳到Photoshop软件中。

第10步：单击素材1，然后单击图层上方的【正常】，在弹出的选项中选择【变暗】。

第11步：单击【钢笔工具】 ，并在工具属性栏中调整钢笔工具的属性，然后画一个曲线。接着单击【文字工具】 ，此时鼠标指针变为 图标，拖曳鼠标，移动到曲线路径上，鼠标指针会变为 图标，最后输入文字。

第12步：单击文字图层，然后单击悬浮栏的【字符】Ａ，在弹出的属性栏中调整文字的属性。

第13步：用鼠标右键单击【春夏之际】图层，在弹出的选项中选择【混合选项】>【投影】，最后在投影的属性栏中调整数值。

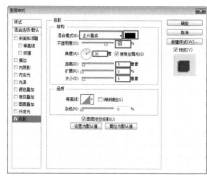

第14步：重复第12步和第13步的操作，添加其他的文字。

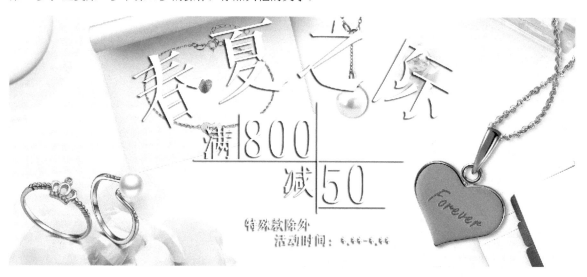

第15步：单击图层4，然后单击选中【矩形工具】█，画一个与海报图一样大小的黑色矩形。最后单击图层的不透明度，输入数值为5%。

第16步：单击图层悬浮栏下的▭创建新组，然后双击【组1】可更改组的名称。最后按住Shift键不放，单击店招的所有修改图层，将这些图层拖曳到组中。

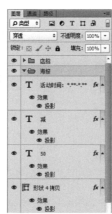

9.4.3 优惠券的修改

原页面的优惠券风格与原网页不符，这里做一个适合该页面风格的优惠券。

第1步：单击【矩形选框工具】▭，框选优惠券内容，然后单击后景色，在弹出的拾色器中吸取优惠券背景的颜色，最后单击【确定】按钮，背景色变为吸取的颜色▭。

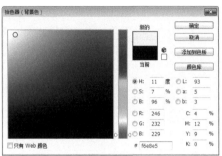

第2步：单击选中图层1，然后按Ctrl+Delete组合键，将后景色填充到选区，接着按Ctrl+D组合键取消选框。

第3步：单击【矩形工具】■，并在工具属性栏调整矩形工具的属性，画一个矩形框。

第4步：单击【矩形工具】■，并在工具属性栏调整矩形工具的属性，画一个矩形。

第5步：用鼠标右键单击矩形2，在弹出的选项中选择【混合选项】>【投影】，然后在投影的属性栏中调整数值。

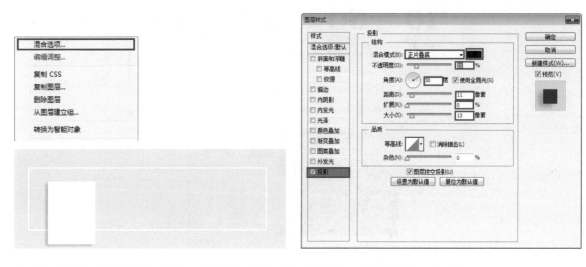

第6步：将鼠标指针置于矩形2上，按住鼠标左键不放，并按住Alt键拖曳鼠标，复制矩形。

第7步：单击【文字工具】 T.添加文案，接着单击【字符】，在弹出的属性框中调整文字的属性。

第8步：单击【直线工具】 ，并在工具属性栏调整直线工具的属性，画一条与数字相交的倾斜直线。

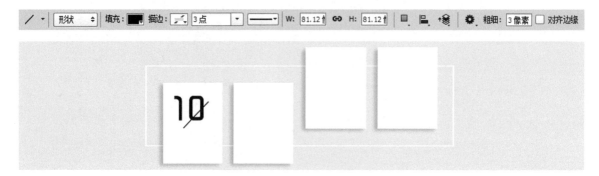

第9步：单击文字图层10，然后单击图层下方的【添加图层蒙版】 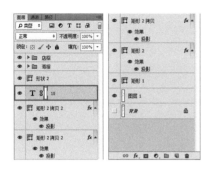，给文字图层10添加蒙版，再按D键，恢复默认的前后景色 ■。最后单击【多边形套索工具】 ，将斜线右下角的部分框选出来。

第10步：单击文字图层10，然后按Alt+Delete组合键填充前景色，最后按Ctrl+D组合键取消选框。

第11步：单击【文字工具】 ，添加文案。然后单击【字符】，在弹出的属性框中调整文字的属性。

第12步：单击【直线工具】 ，并在工具属性栏调整直线工具的属性，画一条直线。

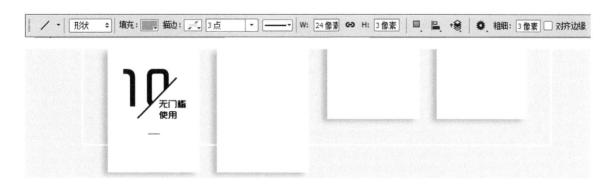

第13步：单击【文字工具】 T. ，添加文案。然后单击【字符】，在弹出的属性框中调整文字的属性。

第14步：按住Shift键并单击优惠券上的文字图层和形状图层，然后按住Alt键，拖曳鼠标，复制优惠券上的内容，接着修改优惠券上相应的文案。

第15步：单击【文字工具】 T. ，添加文案。接着单击【字符】，在弹出的属性框中调整文字的属性。

第16步：重复第15步的操作，添加剩下的文案。

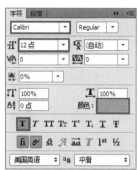
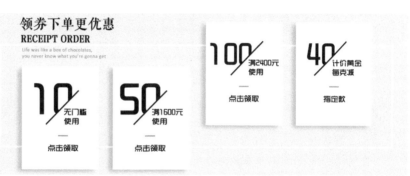

第17步：单击图层悬浮栏下的▢创建新组，然后双击【组1】可更改组的名称。最后按住Shift键不放，单击店招的所有修改图层，将这些图层拖曳到组中。

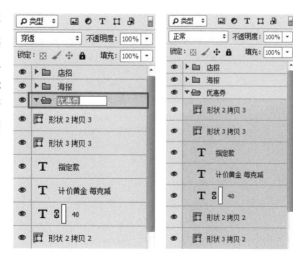

9.4.4 商品展示页的修改

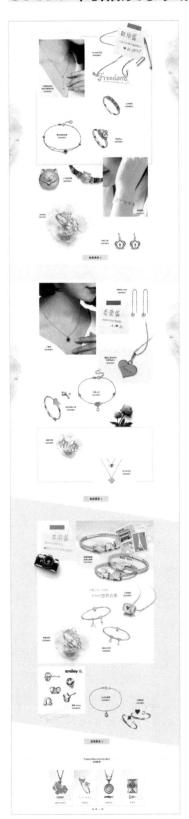

商品展示页的修改，主要是减少页面上的商品展示数量或缩小页面上的商品展示，让页面有更多的呼吸感。

第1步：单击【套索工具】 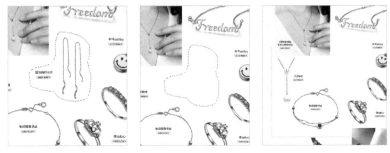，按住鼠标左键不放并拖曳鼠标，框选要删除的产品框。接着按D键恢复默认的前后景色 ，再按Ctrl+Delete组合键填充后景色，最后按Ctrl+D组合键取消选框。

第2步：重复第1步的操作，将多余的商品删除。

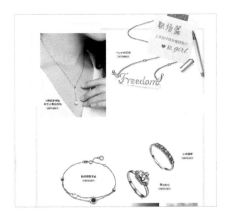

第3步：单击【套索工具】 ，将需要调整的部分框选出来。然后按Ctrl+J组合键复制图层，生成一个新的图层7，再按住Ctrl键并单击图层7的缩略图，会生成图层7形状的选框。

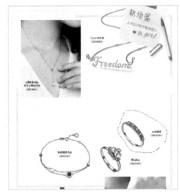

第4步：单击图层7前的眼睛图标 👁，关掉图层7的视图。然后单击【仿制图章工具】🖈，再单击页面中的空白部分选择源点，接着将鼠标指针置于选框中，按住鼠标左键不放拖曳鼠标进行修改，修改完成后按Ctrl+D组合键取消选区。

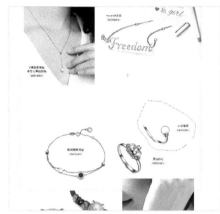

第5步：单击图层7前的眼睛图标 👁，打开图层7的视图。单击图层7，接着单击【移动工具】➤，拖曳鼠标，调整图层7在页面中的位置。

第6步：重复第3~5步的操作，调整其他商品的位置。

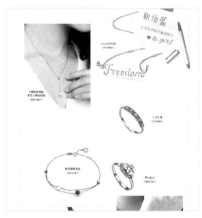
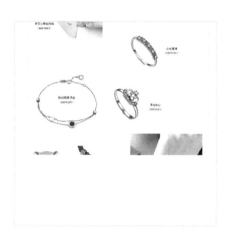

第7步：单击【套索工具】⭕，框选一部分的边框，然后按Ctrl+J组合键复制一个边框为图层8，接着单击【移动工具】➤，按住Shift键并拖曳鼠标，调整图层8在页面中的位置。

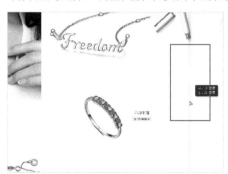
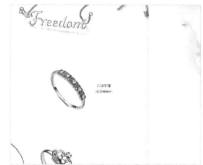

第8步：单击【多边形套索工具】 ，将要调整的部分框选出来，执行【编辑】>【操控变形】命令。

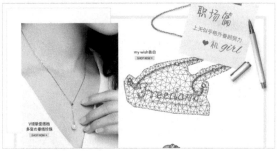

第9步：单击选定不需要改变的点，然后单击需要改变的部分不放，拖曳鼠标对框选的内容进行变形。变形完成后单击工具属性栏后的 。

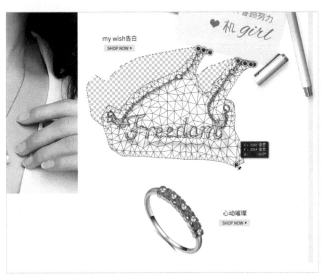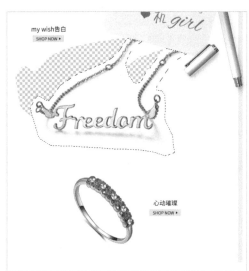

第10步：按Ctrl+D组合键取消选区，单击【多边形套索工具】 ，框选缺失的部分，再按D键，恢复默认的前后景色 ，接着按Ctrl+Delete组合键填充后景色，最后按Ctrl+D组合键取消选框。

第11步：重复第3~5步的操作，调整其他商品的位置。

第12步：单击选中图层悬浮栏下的 ▭ 创建新组，然后双击【组1】可更改组的名称。最后按住Shift键不放，单击店招的所有修改图层，将这些图层拖曳到组中。

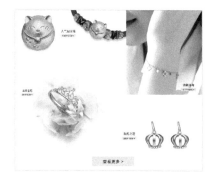

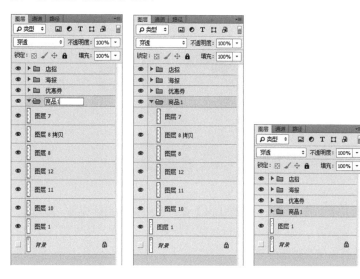

第13步：单击【套索工具】 ◯ ，然后按住鼠标左键不放并拖曳鼠标，框选要删除的产品。接着按D键，恢复默认的前后景色 ▭ ，再按Ctrl+Delete组合键填充后景色，最后按Ctrl+D组合键取消选框。

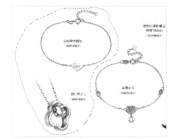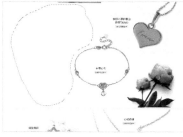

第14步：重复第3~5步的操作，调整其他商品的位置。

第15步：单击【多边形套索工具】 ▽ ，框选需要调整的部分，然后按Ctrl+J组合键复制图层，生成一个新的图层13，接着按住Ctrl键并单击图层13的缩略图，会生成图层13形状的选框。

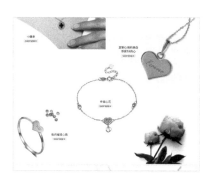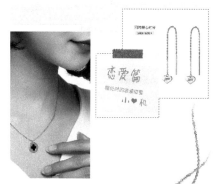

第16步：单击图层13前的眼睛图标 👁，关掉图层13的视图。然后单击【仿制图章工具】 ❀，再单击页面中的空白部分选择源点，接着将鼠标指针置于选框中，按住鼠标左键不放拖曳鼠标进行修改，修改完成后按Ctrl+D组合键取消选区。

 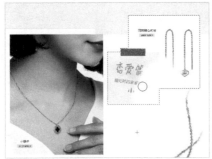 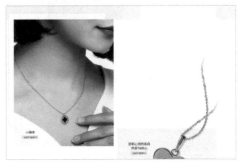

第17步：单击【矩形选框工具】 ▣，此时鼠标指针变为 ⊕ 图标，然后用【矩形选框工具】 ▣ 框选导航条上的一部分。按Ctrl+J组合键复制导航条的一部分，接着单击【移动工具】 ▸╋，再单击复制的图层14，拖曳鼠标将缺失的部分遮住。

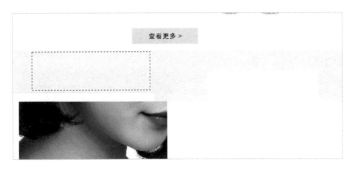 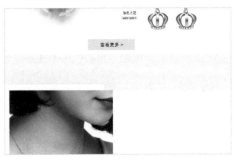

第18步：单击图层13前的眼睛图标 👁，打开图层13的视图。单击图层13，接着单击【移动工具】 ▸╋，拖曳鼠标调整图层13在页面中的位置。

第19步：单击【多边形套索工具】 ▦，框选需要调整的部分，然后按Ctrl+J组合键复制图层，生成一个新的图层17，再按住Ctrl键并用鼠标左键单击图层17的缩略图，会生成图层17形状的选框。

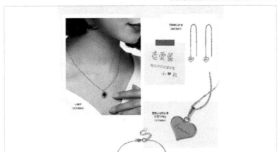 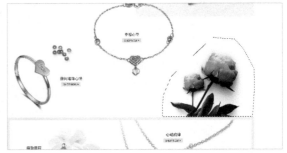

第20步：单击图层17前的眼睛图标 👁，关掉图层17的视图。然后按D键恢复默认的前后景色▣，接着按Ctrl+Delete组合键填充后景色，最后按Ctrl+D组合键取消选框。

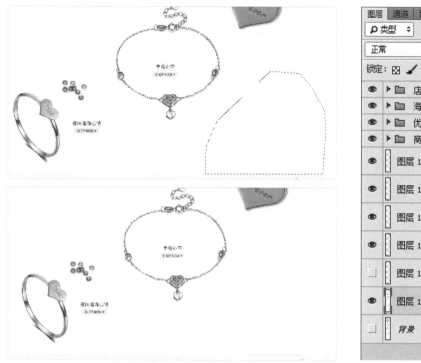

第21步：单击图层17前的眼睛图标 👁，打开图层17的视图。然后按Ctrl+T组合键执行自由变换，再将鼠标指针置于自由变换边框的直角处，按住鼠标左键不放，拖曳鼠标缩小该图层的内容。最后单击工具属性栏后的 ✔。

第22步：重复第13步的操作，删除多余的产品。　　第23步：重复第15~18步的操作，调整产品位置并
　　　　　　　　　　　　　　　　　　　　　　　　　　　　修复缺失的背景。

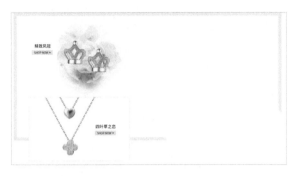 

第24步：单击图层悬浮栏下的🗀创建新组，然后双击【组2】可更改组的名称。接着按住Shift键不放，单
击店招的所有修改图层，将这些图层拖曳到组中。

第25步：单击【套索工具】 ◯，然后按住鼠标左键不放并拖曳鼠标，框选要删除的产品。接着D键恢复默
认的前后景色■，再按Ctrl+Delete组合键填充后景色，最后按Ctrl+D组合键取消选框。

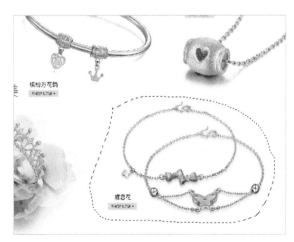 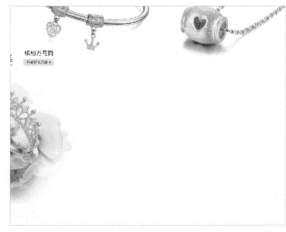

第26步：重复第15~18步的操作，调整产品位置并修复缺失的背景。

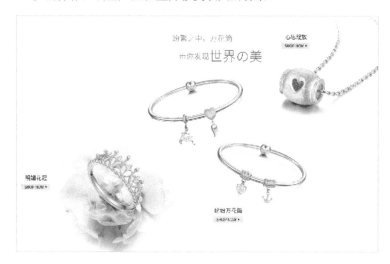

第27步：单击【矩形选框工具】 ，框选要删除的内容，然后单击后景色，在弹出的拾色器中吸取优惠券背景的颜色，最后单击【确定】按钮，背景色变为 。

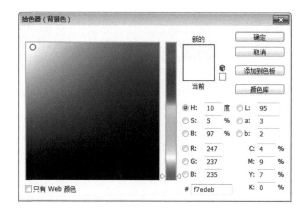

第28步：单击图层1，然后按Ctrl+Delete组合键，将后景色填充到选区，最后按Ctrl+D组合键取消选框。

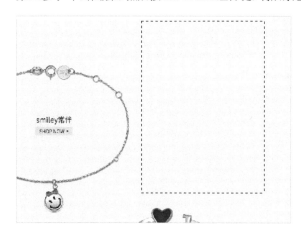

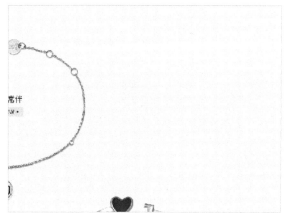

第29步：重复第15~18步的操作，调整产品位置并修复缺失的背景。

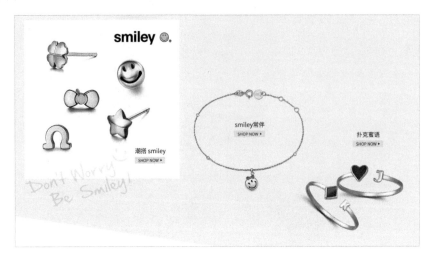

第30步：单击图层悬浮栏下的 ▣ 创建新组，然后双击【组3】可更改组的名称。接着按住Shift键不放，单击店招的所有修改图层，最后将这些图层拖曳到组中。

产品详情页设计

产品页面设计又称为产品详情页设计，不同平台的产品详情页尺寸略有差别，但是作用相同，都是展示商品的特点，让顾客了解商品的优点，对商品有全面的认识，从而使顾客放心购买商品。

10.1 产品主图设计

淘宝上搜索显示的产品展示图就是主图，主图关系到买家对商品的第一视觉印象。主图是可以自定义设置尺寸的正方形图，常用的主图尺寸为800像素×800像素（740像素×740像素以上的图才能满足淘宝主图放大镜的功能）。

接下来做下面两种主图的练习。

10.1.1 白底阴影图

白底阴影图是淘宝上常用的一种主图形式。

⌖ 操作演示

扫描二维码观看教学视频！

第1步：打开Photoshop，按Ctrl+N组合键，弹出创建窗口属性栏，设置宽度为800像素，高度为800像素。颜色模式为RGB，填写名称，其他选项默认即可，然后单击【确定】按钮。

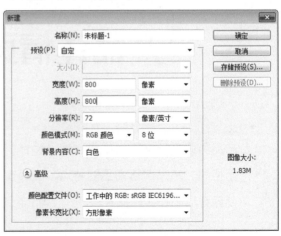

第2步：打开【素材文件】>【第10章素材】文件，将产品图片放置到画布中。

第3步：单击图片图层，按Ctrl+J组合键复制产品图片图层。接着用鼠标右键单击复制的图层，选择栅格化图层。

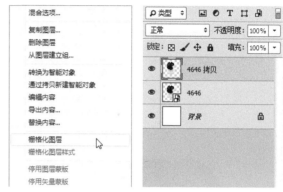

第4步：单击复制的图片图层，执行【编辑-自由变换】命令（快捷键为Ctrl+T），接着用鼠标右键单击图像，在弹出的选项栏中选择【斜切】。

第5步：将鼠标指针移到自由变换框线顶部的中间节点，此时指针会变成斜切图标，按住鼠标左键不放，向右拖曳鼠标，按Enter键确定。

第6步：执行【编辑-自由变换】命令（快捷键为Ctrl+T），将鼠标指针移到自由变换框线顶部的中间节点，按住鼠标左键不放，向下拖曳鼠标，按Enter键确定。

第7步：按住Ctrl
键，单击复制图层
的缩略图建立选
区，然后填充黑色
取消选区并调整图
层顺序。

第8步：执行【滤
镜】>【模糊】>
【高斯模糊】命
令，在弹出的高
斯模糊属性栏里
将半径调到合适
的位置。

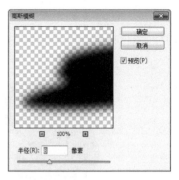

第9步：单击影子图层并添加蒙版，然后选择工具栏中的【渐变工具】，在渐变工具属性栏中单击【前景色到透明渐变】，控制影子的渐变方向。

10.1.2 个性化主图

个性化主图是自由的主图设计，能够自由调节主图的设计方式，以方便买家寻找商品。个性化主图有利于商品的视觉竞争。

◢ 操作演示

扫描二维码观看教学视频！

第1步：打开Photoshop软件，按Ctrl+N组合键，弹出创建窗口属性栏，设置宽度为800像素，高度为800像素。颜色模式为RGB，填写名称，其他选项默认即可，然后单击【确定】按钮。

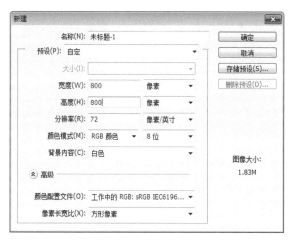

第2步：将产品图片放置到画布中。

第3步：将背景填充为黑色，执行【滤镜】>【杂色】>【添加杂色】命令，在弹出的杂色属性栏中选择【高斯分布】，并勾选【单色】，将数值调到适合的位置。

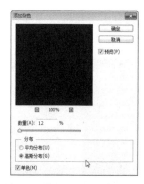

第4步：单击背景图层，按Ctrl+Shift+N组合键创建一个新的图层，将前景色调成白色，接着选择【画笔工具】，并选择柔边笔尖，画一个圆。

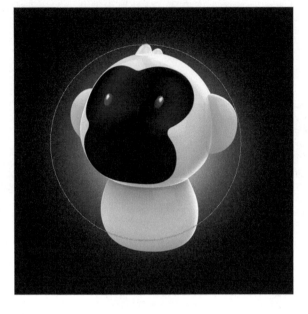

第5步：单击创建的画笔图层，执行【编辑】>【自由变换】命令（快捷键为Ctrl+T），将鼠标指针移到自由变换框线顶部的中间节点，按住鼠标左键不放，向下拖曳鼠标调整到合适的位置，按Enter键确定。

提示 ↓

不同类目的主图侧重点不同，在设计上也有一些不小的差别。总之，能够吸引买家点击的主图，就是好的主图。

10.2 详情页设计

详情页一般分为商品场景图、商品属性图、商品展示图和商品细节图4个大的部分，商品场景图是将买家引到商品介绍的一个过渡，商品属性图介绍商品的一些数据信息，商品展示图是商品的实物拍摄，商品细节图介绍商品的卖点。

不同类目的商品详情页侧重点不同，在设计上也有不小的差别。下面介绍两种详情页设计。

10.2.1 描述性产品详情页设计

描述性产品详情页是用大量文字解释说明的产品介绍页面，这类商品因为材质或结构等因素，需用必要的文字解释说明。在描述性详情页的设计中，注重文案的表达效果，要避免因文字太多而使页面失去访客。

接下来介绍显示器的产品详情页设计。

（1）商品场景图要明确产品给买家的第一印象，要展现产品的主要特性，但图片上的内容不宜过多（商品场景图可以是一张图，也可以是几张图的组合）。

（2）商品属性图是标明产品具体数据的图，要求产品数据准确。

（3）产品细节图是产品的细节展现和卖点提炼，这些图让买家对产品有一个全面的认识，增加买家对产品的信任。

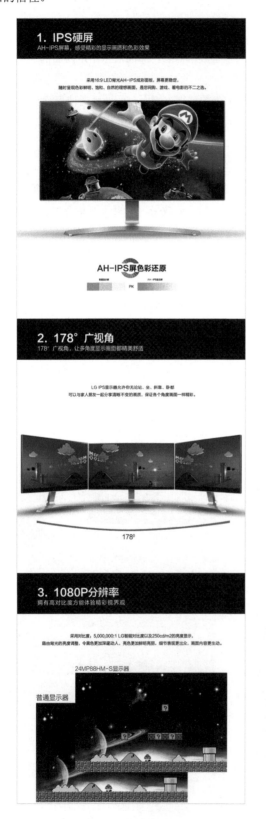

（4）产品展示在描述性产品详情页中并不重要，因为买家对描述性的商品都有具体的认知，能在大脑中想象这些商品的形状和作用，所以描述性商品详情页的商品展示图，只需要展示商品的形状即可，让买家确认商品的基本信息。

10.2.2 展示性产品详情页设计

展示性产品详情页是一种以图片展示为主的详情页设计方式，通过大量的图片展示产品的特点。这种详情页设计方式适合以产品本身优势取胜的产品，借助大量的图片展示，将产品的优势信息传达给买家，从而增加买家的下单率。

接下来介绍展示性产品详情页。

（1）商品场景图会让买家对产品产生第一印象，并初步展现产品。商品场景图上的内容不宜过多，不然会淡化商品场景图的过渡功能。商品场景图不是指单独的一张图，而是指使顾客由产品浏览过渡到产品介绍的这类图，商品场景图可以是一张图，也可以是好几张图的组合。

提示 ↓

由于展示性产品详情页不需要过多的文字介绍，所以设计制作展示性产品详情页快速、有效，并深受设计制作者的青睐。

（2）展示性产品详情页文字较少，出现文字时说明该处的文字信息较为重要，设计时不能随意去除。商品属性图是商品的重要信息图，是商品不可缺少的介绍部分。淘宝服装类目的商品属性图就比较重要，不仅要介绍商品的材质和商品工艺等卖点，还要求产品的其他信息准确，在淘宝购物中因为尺码不符造成的退货，是淘宝服装类目退货较多的一个重要原因。保证信息的准确性，减少不必要的退货因素，可以避免顾客的流失。

尺码表/SIZE TABLE（上衣）

尺码	衣长/cm	胸围/cm	腰围/cm	袖长/cm	肩宽/cm	袖口/cm
S	58	86	84	54	36	23
M	59	90	88	54.5	37	24
L	60	94	92	55	38	25
XL	61	98	96	55.5	39	26
XXL	62	102	100	56	40	27

尺码表/SIZE TABLE（牛仔裙）

尺码	裙长/cm	胸围/cm	腰围/cm	袖长/cm	摆围/cm	袖口/cm
S	103	78	68	--	94	--
M	104	82	72	--	98	--
L	105	86	76	--	102	--
XL	106	90	80	--	106	--
XXL	107	94	84	--	110	--

（3）展示性产品详情页的商品细节图的作用是挖掘产品的卖点，展现产品的亮点，以达到促销的目的。只是相对于描述性产品详情页，这一块是一个相对辅助的版块。

（4）商品展示图是展示性产品详情页比较重要的部分，能够多方面地展示产品各个细节，以及产品的实际效果。

（5）实物展示是商品的实际拍摄图，因为近几年淘宝商品修图过于美化商品，导致到货的实物商品与买家心理预期的商品有差别，所以拍摄实物展示图可能会降低买家对商品的期望值。

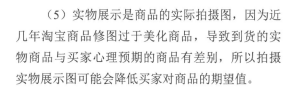

10.2.3 产品活动促销详情页设计

在淘宝上做店铺活动时，为了提高活动的参与度，最大限度地增加活动曝光率，就会在淘宝的常用页面上添加活动信息和活动入口。这种详情页的活动页头通常是首页活动的微缩版，这里我们以聚划算的活动为例，介绍聚划算的活动页头。

（1）页头和其他的活动海报页头没有太大区别，都是紧扣活动主题，展现活动信息。

（3）活动规则和细节介绍说明。聚划算活动和店铺活动有点不同，需要写上详细规则。

（2）介绍本次活动相关产品，为其他参与活动的产品分流，同时使活动内容更加丰富。

提示 ↓

分流是将该页面的访客流量导入其他的商品，分流不仅能提高其他商品的购买率，还能增加顾客的访问深度。

10.2.4 产品分流页设计

产品的分流设计就是详情页中的店铺精品、宝贝推荐等相关页面版块的设计，这些版块起稀释流量、增加浏览量和提升产品销量的作用。

接下来做一个店铺分流设计的操作练习。

操作演示

扫描二维码观看教学视频！

第1步：打开Photoshop软件，按Ctrl+N组合键，弹出创建窗口属性栏，设置宽度为750像素，高度暂时为1 500像素（详情页高度是可以自定义设置）。颜色模式为RGB，填写名称，其他选项默认即可，然后单击【确定】按钮。

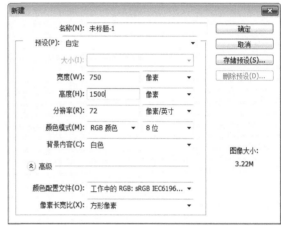

第2步：用鼠标左键单击选中图片并将图片素材拖入画布，然后调整图片大小和图片位置，并给图片做素描处理（参考第8章相关内容）。

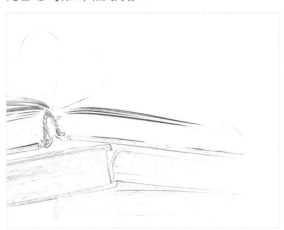

第3步：添加产品图片和产品信息并排版。

第4步：在商品和背景间添加元素，让画面更有层次感，选择矩形形状工具，然后将鼠标指针置于画布上，按住鼠标左键不放，拖曳鼠标，画出一个矩形并调整图层透明度。

第5步：将其余的产品拖入工作窗口，接着添加标题并排版。

第6步：对画面细节进行调整，并添加边框，统一画面。单击背景图层，拖曳鼠标画一个矩形，并在工具属性栏调整矩形形状。

10.3 杯垫详情页设计

素材位置	素材文件>第10章素材
技术掌握	文字工具、形状工具、矩形选区

　　详情页的内容是商品的直观描述和详细展示，是影响买家下单购买的核心页面。对于人们不熟悉的产品，详情页就需要用文字去描述功能。对于人们比较熟悉的产品，就可以做展示性的详情页。本节做一个生活中人们比较熟悉的杯垫的详情页。

◎ 制作思路

　　详情页的设计要抓住商品的特点，介绍商品的优点。杯垫作为功能单一的生活小用品，反映了它的受众对生活品质的要求较高并对杯垫有较深的认知，所以用展示性的详情页做杯垫的详情页设计。

◎ 素材收集

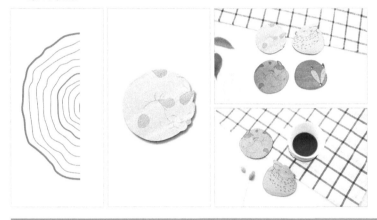

10.3.1 杯垫详情页海报设计

基于对杯垫产品的高度认知，这里做一个创新的杯垫详情页海报。

第1步：打开Photoshop软件，执行【文件】>【新建】命令，在弹出的新建窗口属性栏中，输入新建窗口的名称、高度、宽度并单击宽度后的下拉小三角，在弹出的单位选项栏中，选择【像素】等信息。然后单击颜色模式后的下拉小三角，在弹出的模式选项栏中选择【RGB颜色】，最后单击【确定】按钮。

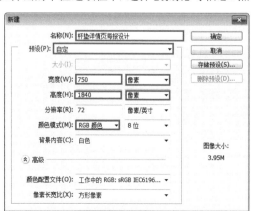

第2步：打开【素材文件】>【第10章素材】，将素材1和素材2拖入Photoshop的杯垫详情页海报设计窗口，按Ctrl+T组合键执行自由变换，然后将鼠标指针置于自由变换的边框线上，按住鼠标左键不放，拖曳鼠标调整素材1的大小和位置，最后单击工具属性栏后的【确定】✔。

第3步：单击图层悬浮栏底部的 ▢ 创建新组，图层中出现一个组，然后双击组的名称，可对组命名，接着按Shift键并单击其他图层，拖曳鼠标，将选中的图层拖入组。

第4步：单击【文字工具】T.，接着单击【文字工具】T.属性栏的【切换字符和段落面板】▤，在弹出的选项栏中选择文字的字号、字体等属性，输入文案。

第5步：单击【椭圆工具】◯，然后单击【椭圆工具】◯的填充，在弹出的选框中单击▨，会弹出矩形填充颜色拾色器，拖曳鼠标，将鼠标指针移到拾色器中要吸取的颜色上并单击吸取颜色。

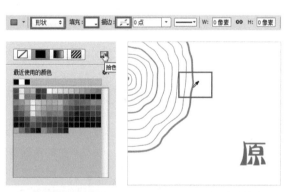

第6步：按Shift键，然后将鼠标指针置于画布上，按住鼠标左键不放，拖曳鼠标，绘制圆。

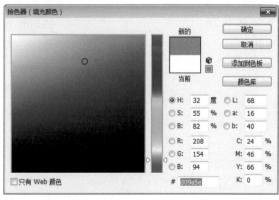

第7步：单击【文字工具】，然后单击【文字工具】属性栏的【切换字符和段落面板】，在弹出的选项栏中选择文字的字号、字体等属性，输入文案，做一个文字排版的正负对比。

第8步：重复第7步的操作，输入文案。

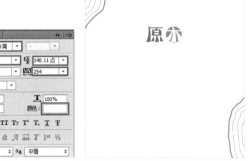
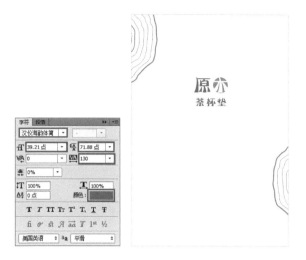

第9步：单击【文字工具】，然后单击【文字工具】属性栏的，转换文字的横排排版和竖排排版。接着单击【文字工具】属性栏的【切换字符和段落面板】，在弹出的选项栏中选择文字的字号、字体等属性，输入文案。

第10步：重复第9步的操作，输入文案进行排版。

第11步：单击图层悬浮栏底部的 创建新组，图层里会出现一个组，双击组的名称，可对组命名。然后按住Shift键，单击其他图层，拖曳鼠标，将选中的图层拖入组。

第12步：打开【素材文件】>【第10章素材】，将产品1拖入Photoshop的杯垫详情页海报设计窗口，按Ctrl+T组合键执行自由变换，然后将鼠标指针置于自由变换的边框线上，按住鼠标左键不放，拖曳鼠标调整素材1的大小和位置，最后单击工具属性栏后的【确定】✔。

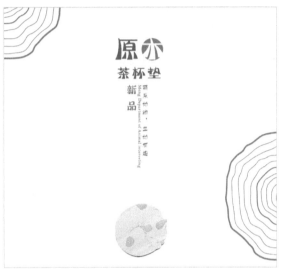

第13步：用鼠标右键单击产品1图层，然后在弹出的选项栏中执行【混合模式】>【投影】命令，在投影属性栏中调整投影。

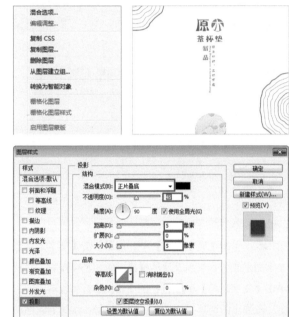

第14步：重复第12~13步的操作，将产品2、产品3、产品4添加到画布中，并添加投影。

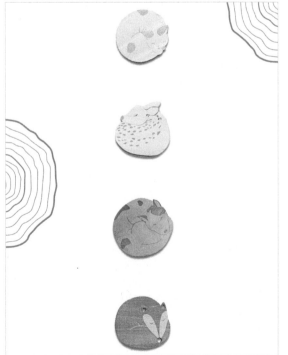

第15步：单击【文字工具】，然后单击【文字工具】属性栏的【切换字符和段落面板】，在弹出的选项栏中选择文字的字号、字体等属性，输入文案和尺寸。

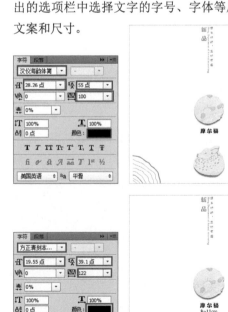

第16步：重复第15步的操作，给产品加上名称和尺寸。

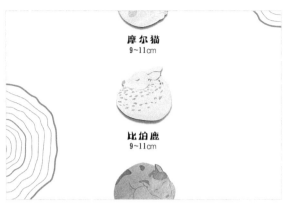

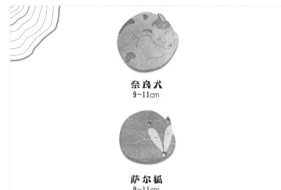

第17步：单击【文字工具】，然后单击【文字工具】属性栏的【切换字符和段落面板】，在弹出的选项栏中选择文字的字号、字体等属性，输入文案。

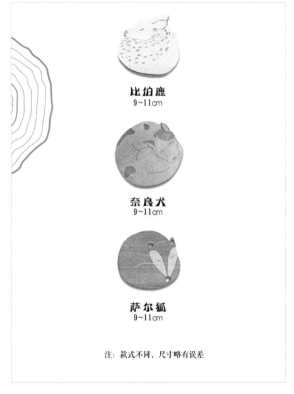

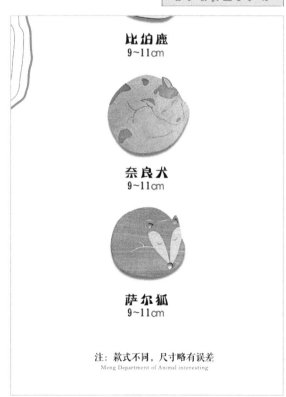

10.3.2 杯垫详情页产品展示设计

因为商品拍摄图为清新风，加上商品本身清新、有趣，这里的设计走清新路线。清新风的颜色特点是高明度、中饱和度的颜色搭配，加上简单的装饰即可。

第1步：打开Photoshop软件，执行【文件】>【新建】命令，在弹出的新建窗口属性栏中，输入新建窗口的名称、高度、宽度并单击宽度后的下拉小三角，在弹出的单位选项栏中选择【像素】等信息。然后单击颜色模式后的下拉小三角，在弹出的模式选项栏中选择【RGB颜色】，完成后单击【确定】按钮。

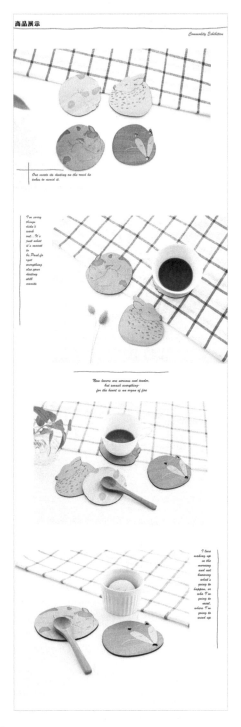

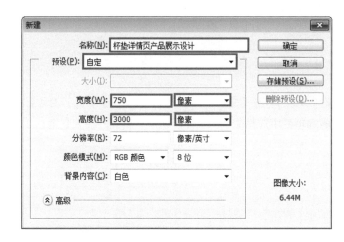

第2步：单击【矩形工具】，然后单击椭圆工具填充后的下拉小三角，在弹出的选框中单击，会弹出矩形填充颜色拾色器，在拾色器中输入颜色的RGB值，完成后单击【确定】按钮。

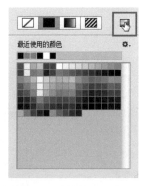

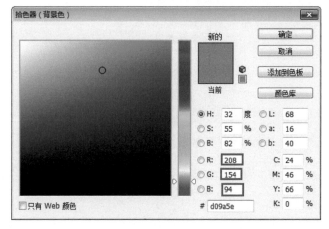

第3步：将鼠标指针置于画布上，按住鼠标左键不放，拖曳鼠标绘制一个矩形。

第4步：单击选中"矩形1"，执行【滤镜】>【扭曲】>【波浪】命令，此时会弹出提示，单击提示里的【确定】按钮。进入波浪的属性栏中，调整波浪的属性数值，单击【确定】按钮。

第5步：单击"矩形1"图层，按Ctrl+T组合键执行自由变换，接着将鼠标指针置于自由变换的边框线上，按住鼠标左键不放，拖曳鼠标调整"矩形1"的高度，最后单击工具属性栏后的【确定】✔。

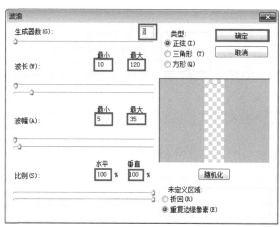

第6步：用鼠标右键单击"矩形1"图层，在弹出的选项栏中执行【混合模式】>【描边】命令，然后在描边属性栏中调整描边的属性。

第7步：按Ctrl+T组合键执行自由变换，调整"矩形1"的长度与位置，最后单击工具属性栏后的【确定】✔。

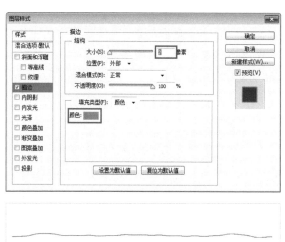

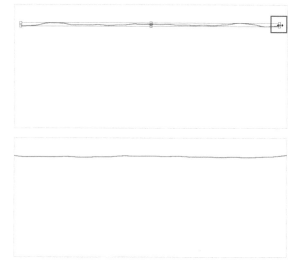

第8步：单击【文字工具】T.，然后单击【文字工具】T.属性栏的【切换字符和段落面板】，在弹出的选项栏中选择文字的字号、字体等属性，输入文案。

第9步：打开【素材文件】>【第10章素材】，将"图片1"拖入Photoshop的杯垫详情页产品展示设计窗口，按Ctrl+T组合键执行自由变换，调整"图片1"的大小和位置，最后单击工具属性栏后的✔。

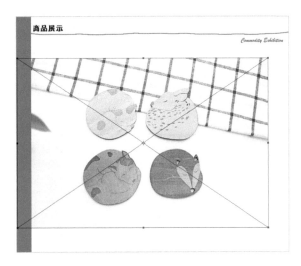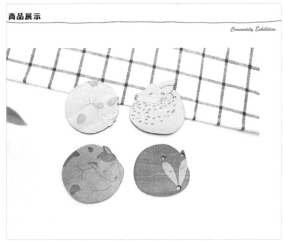

第10步：单击选中"矩形1"，按Ctrl+J组合键执行复制图层，会生成一个"矩形1拷贝"图层，然后将鼠标指针置于"矩形1拷贝"图层上，按住鼠标左键不放，向上拖曳鼠标，就能把"矩形1拷贝"图层移到"图片1"的图层上。

第11步：单击选中"矩形1拷贝"图层，然后单击【移动工具】，将鼠标指针置于画布上，按住鼠标左键不放，拖曳鼠标将"矩形1拷贝"移动到"图片1"上。

第12步：单击选中"矩形1拷贝"图层，选择【矩形选框工具】▢，框选"矩形1拷贝"不需要的部分，按Delete键删除，最后按Ctrl+D组合键取消选区。

第13步：单击"矩形1拷贝"图层，按Ctrl+J组合键执行复制图层，会生成一个"矩形1拷贝2"图层，然后按Ctrl+T组合键执行自由变换。并用鼠标右键单击画布，在弹出的选项中选择【旋转】，再移动鼠标指针到选框线以外，此时鼠标指针变为↻图标，拖曳鼠标进行旋转，最后单击工具属性栏后的✔。

第14步：单击"矩形1拷贝2"图层，然后单击【移动工具】▶⊕，再将鼠标指针置于画布上，按住鼠标左键不放，拖曳鼠标将"矩形1拷贝2"移动到"图片1"上。

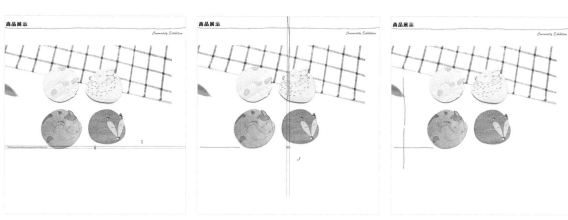

第15步：单击"矩形1拷贝2"图层，选择【矩形选框工具】▢，框选住"矩形1拷贝"不需要的部分，按Delete键删除，最后按Ctrl+D组合键取消选区。

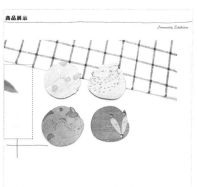

第16步：单击【文字工具】T，然后单击【文字工具】T属性栏的【切换字符和段落面板】，在弹出的选项栏中选择文字的字号、字体等属性，输入文案。

第17步：单击图层悬浮栏底部的创建新组，图层中会出现一个组，双击组的名称，可对组命名。然后按住Shift键并单击其他图层，拖曳鼠标，将选中的图层拖入组。最后单击组名称前的可打开或关闭组里的内容。

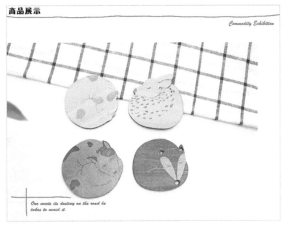

第18步：打开【素材文件】>【第10章素材】，将"图片2"拖入Photoshop的杯垫详情页产品展示设计窗口，按Ctrl+T组合键执行自由变换，调整"图片2"的大小和位置，最后单击工具属性栏后的✓。

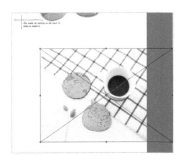

第19步：单击"矩形1"，然后按Ctrl+J组合键执行复制图层，会生成一个"矩形1拷贝3"图层，将鼠标指针置于"矩形1拷贝3"图层上，按住鼠标左键不放，向上拖曳鼠标，把"矩形1拷贝3"图层移到图层顶端。

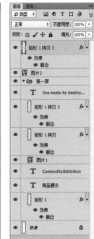

第20步：单击选中"矩形3拷贝"图层，然后单击【移动工具】 ▶╋，将鼠标指针置于画布上，按住鼠标左键不放，拖曳鼠标将"矩形1拷贝"移动到"图片2"上。

第21步：按Ctrl+T组合键执行自由变换。并用鼠标右键单击画布，在弹出的选项中选择【旋转】，然后移动鼠标指针到选框线以外，此时鼠标指针变为 ↻ 图标，拖曳鼠标进行旋转，最后单击工具属性栏后的 ✔。

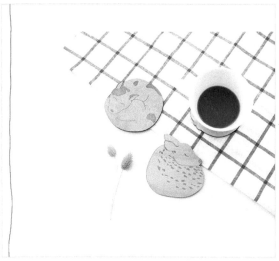

第22步：单击【矩形选框工具】 ▣，拖曳鼠标框选"矩形1拷贝"不需要的部分，按Delete键删除，然后按Ctrl+D组合键取消选区。

第23步：单击【文字工具】 T，然后单击【文字工具】 T.属性栏的【切换字符和段落面板】 ▦，在弹出的选项栏中选择文字的字号、字体等属性，接着将鼠标指针置于画布上，按住鼠标左键不放，拖曳鼠标绘制文本框，最后输入文案。

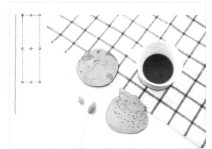

第24步：单击图层悬浮栏底部的 🗀 创建新组，图层里会出现一个组，双击组的名称，可对组命名。然后按住Shift键并单击其他图层，拖曳鼠标，将选中的图层拖入组。最后单击组名称前的 ▶ 可打开或关闭组里的内容。

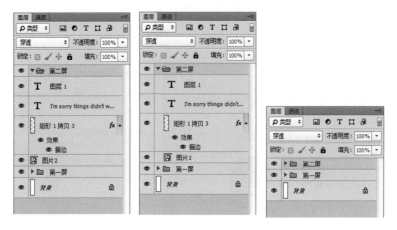

第25步：打开【素材文件】>【第10章素材】，将"图片3"拖入Photoshop的杯垫详情页产品展示设计窗口，按Ctrl+T组合键执行自由变换，调整"图片3"的大小和位置，最后单击工具属性栏后的 ✔。

第26步：重复第19~20步的操作，绘制一条横线。然后选择【矩形选框工具】 ▣，框选住"矩形1拷贝"不需要的部分，按Delete键删除，最后按Ctrl+D组合键取消选区。

第27步：单击【文字工具】 ，然后单击【文字工具】 属性栏的【切换字符和段落面板】 ，在弹出的选项栏中选择文字的字号、字体等属性，接着将鼠标指针置于画布上，按住鼠标左键不放，拖曳鼠标建立文本框，最后输入文案。

第28步：打开【素材文件】>【第10章素材】，将"图片4"拖入Photoshop的杯垫详情页产品展示设计窗口，按Ctrl+T组合键执行自由变换，调整"图片4"的大小和位置，最后单击工具属性栏后的 。

第29步：重复第19~20步的操作，绘制一条新的竖线。

第30步：单击【文字工具】 ，然后单击【文字工具】 属性栏的【切换字符和段落面板】 ，在弹出的选项栏中选择文字的字号、字体等属性，接着将鼠标指针置于画布上，按住鼠标左键不放，拖曳鼠标建立文本框，最后输入文案。

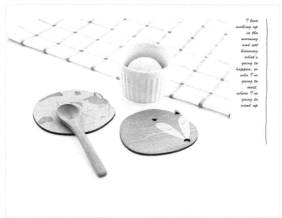

第31步：单击【裁剪工具】，然后单击画布，在弹出的裁剪框线中，将鼠标指针置于裁剪框线的底部，按住鼠标左键不放，拖曳鼠标，将需要的内容留在裁剪框线中，最后单击工具属性栏后的，就能将裁剪框线外的内容裁剪掉。

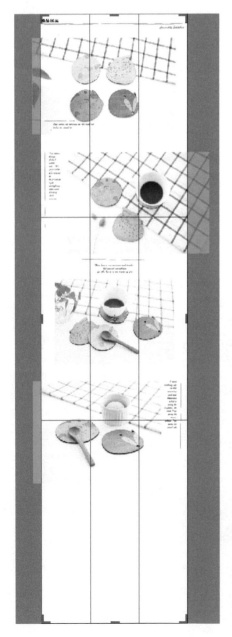

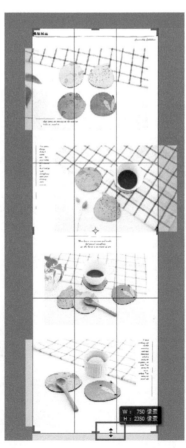

淘宝后台代码制作与上传

设计完成后将图片上传到淘宝页面上，需要借助工具将图片转换成代码，早期是用Dreamweaver软件转换图片为代码，后来随着淘宝的发展，出现了网络在线代码生成工具，能在网络页面上完成图片到代码的转换，然后将得到的代码上传到淘宝页面的后台，就能实现精美的淘宝店铺装修效果。

11.1　切片上传图片空间

在淘宝中，店铺页面打开速度与买家的网速有关，而减小单个图片的大小有助于提高店铺页面打开速度。所以在设计完成后，需要先对图片进行切片，再上传到图片空间，以保证店铺页面的打开速度。

第1步：按Ctrl+R组合键打开标尺，用鼠标右键单击标尺，在弹出的单位选项里选择像素。

第2步：将鼠标指针置于顶部标尺上，按住鼠标左键不放，拖曳鼠标会拖出辅助线，将辅助线拖到需要切开图片的位置，重复此方法将辅助线放到合适的位置。

第3步：单击【切片工具】，然后在工具属性栏中单击【基于参考线的切片】，就会按照参考线切成相应的图片。

第4步：执行【文件】>【储存为Web所用格式】命令，在弹出的对话框中选择图片的格式，然后单击【存储】按钮。

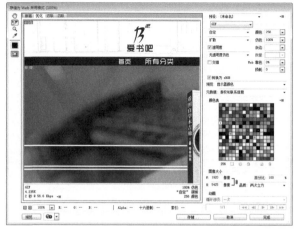

第5步：在弹出的窗口中命名文件，并选择文件的存储路径。

第6步：打开淘宝后台，用鼠标左键单击店铺管理下的图片空间。

第7步：用鼠标右键单击图中的空白部分，在弹出的菜单中选择【新建文件夹】命令，可以建立新的文件夹。

第8步：在建好的文件夹中，选择上传图片，然后上传切片储存的文件。

11.2 淘宝页面代码制作工具

网络在线页面代码生成工具是服务于淘宝的第三方服务平台开发的一种淘宝页面代码制作工具，这种工具在有网络的情况下都能使用，并且不需要操作者具备多高的软件编程能力，就能做出一些效果不错的淘宝页面。网络在线页面代码生成工具有免费使用和付费使用两种，免费使用能够使用第三方服务平台推出的网络在线代码生成工具的一些基础功能，这些基础功能可以满足基本的店铺装修需要。付费使用能够使用网络在线代码生成工具中的一些特效功能。

11.2.1 布局工具的界面

接下来简单介绍"小小设计"网络在线布局工具的界面与打开方式。

第1步：打开网页页面，在搜索框中输入"小小设计"，并单击小语言。

第2步：单击小语言，进入页面制作。

第3步：调整【主配置】里的参数，也就是调整整个页面的属性和辅助线等。

第4步：【工具集】里是对热点和特殊效果的添加，如悬浮、双面图等（其中有的部分效果需要满足第三方服务平台的规则才能使用）。

第 5 步：【图层组】能调整所选择的特效层，能对这些特效层进行增加或删减。

第6步：【属性】能对所选择的特效层进行尺寸和代码等属性的调整与添加。

提示 ↓

网络上有很多淘宝第三方服务平台开发的淘宝代码生成工具，如小小设计、盛夏科技、六月设计、码工助手等，这些工具有的类似，有的完全不同。不会使用这些工具时，可以问这些工具开发平台的客服（在制作页面代码时，制作页面通常有联系客服的入口）。

11.2.2 布局工具制作淘宝代码

接下来做一个淘宝链接的案例。

第1步：计算页面的具体尺寸，并在【主配置】建立该尺寸的页面（这里的尺寸是宽为1 920像素，高为4 010像素）。

第2步：单击【工具集】里的图片层，打开图片空间，将鼠标指针移动到图片上，会弹出图片的操作选项，再单击【复制链接】，复制图片的淘宝地址链接，将该链接粘贴到图片层的图片地址栏。

第3步：单击图片层，按Ctrl+C组合键复制，然后按Ctrl+V组合键粘贴图片层（或单击【工具集】里的图片层）并调整图片层的位置。再单击【复制链接】  ，复制图片的淘宝地址链接，将链接粘贴到图片层的图片地址栏。

第4步：按Ctrl+V组合键粘贴图片层（或单击【工具集】里的图片层），并调整图片层的位置。再单击【复制链接】  ，复制图片的淘宝地址链接，将链接粘贴到图片层的图片地址栏。

第5步：单击【工具集】里的热点层，会在屏幕的左上角出现一个蓝色的透明色块，将鼠标指针置于热点层的边框线上，按住鼠标左键不放，拖曳鼠标，就可以改变热点层的形状。

第6步：单击热点层，并在属性栏中的【点击链接】处添加淘宝的链接（通常为产品的详情页链接）；然后用同样的方法将其余的产品添加上相应的产品详情页链接。

第7步：单击 ▼生成代码，在弹出的对话框中选择生成淘宝代码。

第8步：单击这串代码，接着按Ctrl+A组合键全选，再单击鼠标右键，在弹出的选项框中选择【复制】命令，将代码复制下来。

提示 ↓

这里使用的网络在线代码生成器中的免费功能，能够满足店铺的基本设计，也就是图片层、热点层和双面图等功能免费使用，而其他功能，则需要付费购买才能使用，有兴趣的读者可以了解一下，不会的操作可以询问该工具开发平台的客服（制作页面有联系客服的入口）。

不同的工具在操作上有区别，代码生成工具有很多，就不一一介绍了，感兴趣的读者可以上网搜索在线代码生成器了解情况。

11.3 店铺装修后台

店铺的装修后台相当于页面的一个接口，可以链接淘宝美工的创意，淘宝美工设计的页面效果和页面链接通过这个接口，实现到淘宝的页面上。

11.3.1 店铺装修后台

店铺装修后台主要指首页和二级页的装修后台，接下来以首页为例，讲解页面后台的操作。

第1步：单击淘宝后台的【店铺装修】，会跳转到装修后台。

第2步：单击【布局管理】，选择页面的布局形式。

第3步：删掉其余的版块，将鼠标指针置于【自定义区】，按住鼠标左键不放，并将之拖曳到页面中。

第4步：单击【页面编辑】，回到版块页。

第5步：将鼠标指针置于【自定义区】上，会弹出【自定义区】的编辑选项，单击【编辑】。

第6步：在弹出的编辑属性栏中，单击 ⟨⟩ 进入淘宝代码栏中。然后把制作好的代码粘贴进去，并勾选标题后的【显示】。

第7步：单击【确定】按钮，就能显示设计好的页面，然后单击【预览】按钮，检查页面是否有问题。

提示 ↓

这里的店招部分因为模板是淘宝基础版的原因，只能显示950像素的部分，也因为是基础版，这里将链接粘贴到了150像素宽的页面中。通常情况下，淘宝卖家在装修店铺时会购买旺铺专业版或智能版，而这两种模板就不会出现这种问题。

还可以购买第三方平台开发的模板，最大化地使用第三方平台开发的代码生成工具的各种功能。

11.3.2 产品详情页装修后台

在【淘宝后台】用鼠标左键单击【宝贝管理】下的【发布宝贝】，填写相应的产品信息（通常运营会提供相应的信息给淘宝美工），然后将产品详情页的图片上传到页面，完成产品详情页的装修。

第1步：单击【文件上传】，在弹出的选项框中选择图片的地址。

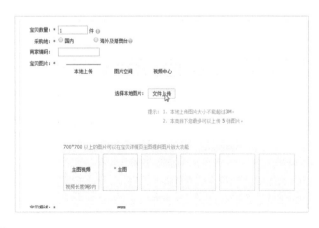

第2步：单击【插入图片】，在弹出的选项框中选择图片的地址。

第3步：单击图片，并在下方的图片中左右拖曳鼠标，调整图片的上传顺序。

第4步：单击【插入】，计算机端的详情页后台中就会显示图片。

第5步：单击宝贝描述下的手机端，然后用单击【导入电脑端宝贝详情】，就能将计算机端的详情页面适配到手机端详情页面。

第6步：最后单击【确认】按钮。

提示 ↓

计算机端详情页用一键适配生成的手机端详情页在显示的清晰度上是足够的，而且省去美工大量的工作时间，提高了美工的工作效率。但是适配对图片尺寸有一定的要求，要求适配前的图片高度在 1 500 像素以内，因此在对计算机端详情页切片保存时，切片高度应不超过 1 500 像素，以保证适配功能。对图片显示质量要求高的店家，可以另行设计手机端详情页面。

11.4 手机端页面切片上传

手机端页面的装修是现在淘宝商家的工作重点，但是受技术等因素的限制，手机端页面的装修没有计算机端页面的装修那样自由，手机端页面的装修需要将图片按照手机端的要求切片、保存，然后上传。

接下来做一个手机端的装修上传。

操作演示

扫描二维码观看教学视频！

第1步：手机端的自定义页面是用76像素的方形格子组成的。每一个图片可以添加一个链接。这也要求图片切片时，根据图片的像素进行切片。

第2步：将鼠标指针置于方框的边缘，按住鼠标左键不放，可以拖动方框大小，然后双击方框确定图片的大小。

第3步：单击画好的图片层，然后单击右边图中的加号，并在弹出的选框中选择切好的图片。

第4步：打开图片存储的位置，然后单击图片，会预览图片，确认无误后单击【上传】按钮。

第5步：为图片添加手机的商品链接，单击链接输入框后面的 *ℓ*，在弹出链接选项中选择该商品的链接。

第6步：单击宝贝链接，然后单击链接后的【添加链接】。

第7步：确认图片与链接准确无误后，单击模块下的【确定】按钮，并单击上方的【保存】以存储页面。

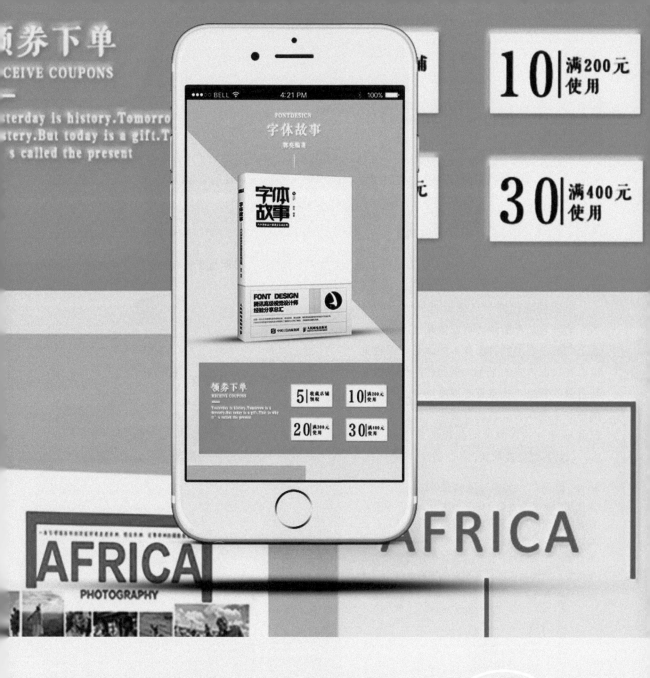

整店装修流程 12

接手一家新的淘宝店铺，就要对淘宝店铺进行装修。本章以一家新店装修来展现网店装修的整个流程，让大家对网店装修有一个较为完整的认识。在这个流程中，有一个环节十分重要，即店铺装修前的沟通。良好的沟通是做出适合店铺的优秀装修方案的前提。

12.1　店铺风格定位

本章要装修的店铺为一家售卖工具书的网店，通过前期的沟通，知道了运营方对店铺的风格定位为现代简约风格，店铺所售卖的商品多为实用性较强的工具书，因此将店铺的装修风格定位为现代简约风格。

12.1.1　现代简约风格

现代简约风格注重功能性，提倡减少装饰，遵循"少即是多，多即是乏味"的理念，并注重色彩的对比。现代简约风格需要不断地做减法，减去不必要的东西。

页面的现代简约风依旧遵循"少即是多"的理念，不断地对页面做减法，但是页面上的减法要遵循页面基本的原则，即视觉重心和页面内容的平衡。页面的简约风因为其自身的特点，视觉重心高度集中。这样的集中并不意味着其他地方就不重要，而是减弱其他部分的内容并加强视觉重心上的内容，以达到强化视觉重心的目的。

提示 ↓

现代简约主义是去除不必要的内容，留下必要的内容。页面的简约是指对页面内容做减法后，页面的视觉能够支撑起整个页面的内容。当页面视觉支撑不起页面时，用纹理或其他方式加强页面视觉重心之外的内容，平衡整个页面的视觉，满足页面的基本功能需要。

12.1.2　根据店铺定位配色

在店铺风格确定后，根据店铺风格的特点进行配色，现代简约风格常用黑、白、灰展现简约风的减法处理方式，并搭配其他现代感的色彩。

主色调为较高明度和较高饱和度的柠檬黄#e7c951，辅色为高明度、中饱和度的中黄色#efa97a，用较高明度和高饱和度的红色#e93c07为点缀，红色又与黑色形成经典搭配，用高明度的灰色#e7e7e7作为背景。黄色与红色形成色相上的对比，黄色与黑色形成明度上的对比，加强页面的视觉冲击力，整体配色的现代感较强。

12.2 书店页面设计

素材位置	素材文件>第12章素材
技术掌握	形状工具、文字工具、混合选项

手机端的自定义页面宽度为608像素，总体高度不限。但是自定义页面要实现到网页上，需要计算页面每一屏的像素（因为向后台上传图片时对图片的像素有要求）。

◎ 制作思路

该页面定位为现代简约风，用几何图形作为基本图形，减少页面上不必要的装饰，保证页面的整洁干净。

◎ 素材收集

12.2.1 书店海报的设计

手机海报的尺寸为200~960像素，手机端屏幕相对较小，而较大的手机海报能带来较强的视觉冲击力，吸引买家的注意力。

扫描二维码观看
教学视频！

第1步：打开Photoshop软件，执行【文件】>【新建】命令，在弹出的新建窗口属性栏中，输入新建窗口的名称、高度、宽度，单击宽度后的下拉小三角，在弹出的单位选项栏中，选择【像素】等信息。然后单击颜色模式后的下拉小三角，在弹出的模式选项栏中选择【RGB颜色】，单击【确定】按钮。

第2步：打开【素材文件】>【第12章素材】，将素材1拖入Photoshop的书店页面设计窗口，按Ctrl+T组合键执行自由变换，然后将鼠标指针置于自由变换的边框线上，按住鼠标左键不放，拖曳鼠标调整素材1的大小和位置，最后单击工具属性栏后的✔。

第3步：单击背景图层，然后单击后景色，在弹出的拾色器中，输入灰色的颜色值"e7e7e7"并单击【确定】按钮。然后按Ctrl+Delete组合键，将后景色填充到选区。

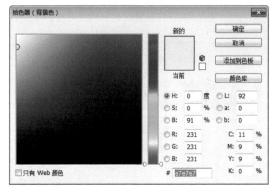

第4步：单击【矩形工具】▢，并在工具属性栏调整矩形工具的属性，然后将鼠标指针置于画布上，按住鼠标左键不放，拖曳鼠标绘制一个与画布同样大小的矩形，最后单击工具属性栏后的✔。

第5步：单击【直接选择工具】🔍，此时鼠标指针变为🔍图标，按住鼠标左键不放，并拖曳鼠标框选住矩形的右下角，按Delete键删除该点。

第6步：单击选中"矩形1"，按Ctrl+T组合键执行自由变换，然后将鼠标指针置于自由变换框的中上部分，按住鼠标左键不放，拖曳鼠标完成对该形状的变换，最后单击工具属性栏后的✔。

第7步：单击【矩形工具】
■.，并在工具属性栏调整矩
形工具的属性，然后将鼠标
指针置于画布上，按住鼠标
左键不放，拖曳鼠标绘制一
个矩形。最后单击工具属性
栏后的✔。

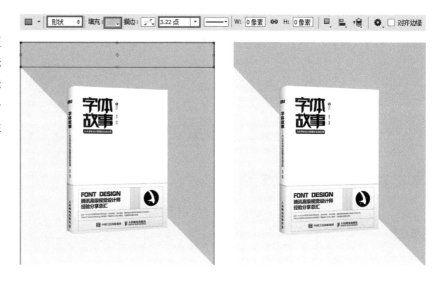

第8步：单击选中"矩形
2"，按Ctrl+Shift+N组合
键，在弹出的窗口名称栏
中单击【确定】按钮创建
一个空白图层。

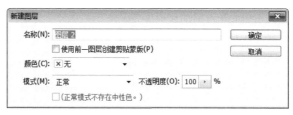

第9步：按D键恢复默认的前后景色■，然后单击
【画笔工具】✏️，并用鼠标右键单击画布，在弹出
的笔尖选项中选择【柔边圆笔尖】命令，最后单击
画布，绘制一个渐变圆。

第10步：单击"图层2"，按Ctrl+T组合键执行自由变
换，将鼠标指针置于自由变换框的中上部分，按住鼠
标左键不放，拖曳鼠标完成对该形状的变换，最后单
击工具属性栏后
的✔。

第11步：单击"图层1"，单击【文字工具】，添加文案，接着单击【字符】，在弹出的属性框中调整文字的属性。

提示 ↓

简约风只需要清晰地表述文字内容，展现字体本身的美，无须华丽的文字排版。

第12步：用鼠标右键单击字体故事图层，在弹出的选项栏中执行【混合选项】>【斜面和浮雕】命令，然后在斜面和浮雕属性栏中调整斜面和浮雕的属性。

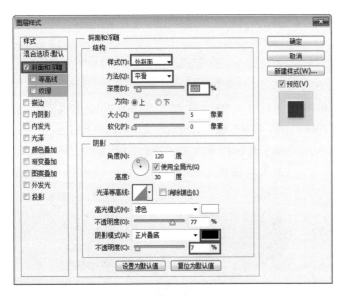

第13步：重复第11步和第12步的操作，添加其余的文案。

第14步：单击【移动工具】▶╋，此时鼠标指针变为 ▶╍ 图标，然后将鼠标指针置于要进行调整的对象上，按住鼠标左键不放，拖曳鼠标，调整对象在图中的位置。最后单击工具属性栏后的 ✓。

第15步：单击【直线工具】╱，在工具属性栏调整矩形工具的属性，接着将鼠标指针置于画布上，按住鼠标指针不放，拖曳鼠标绘制矩形，最后单击工具属性栏后的 ✓。

第16步：用鼠标右键单击字体故事图层，在弹出的选项栏中执行【混合选项】>【斜面和浮雕】命令，然后在斜面和浮雕属性栏中调整斜面和浮雕的属性。

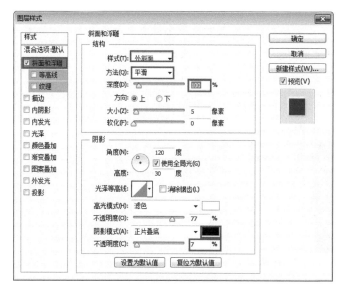

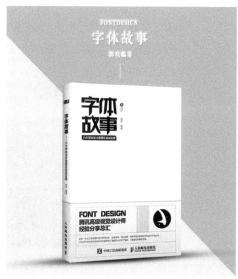

12.2.2 书店优惠券设计

设计手机端优惠券版块，要遵循页面上传的规则（能添加链接的最小自定义区域为152像素×152像素），如果做出来的优惠券版块实现不到页面上，就得不偿失了。

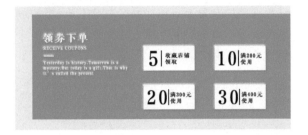

第1步：打开Photoshop，执行【文件】>【新建】命令，在弹出的新建窗口属性栏中，输入新建窗口的名称、高度、宽度，单击宽度后的下拉小三角，在弹出的单位选项栏中，选择【像素】等信息。然后单击颜色模式后的下拉小三角，在弹出的模式选项栏中选择【RGB颜色】，最后单击【确定】按钮。

第2步：按Alt+V+E组合键，在弹出的选项框中输入数值"304"（因为手机端后台上传的原因，数值需大于或等于76的倍数），然后单击【确定】按钮。

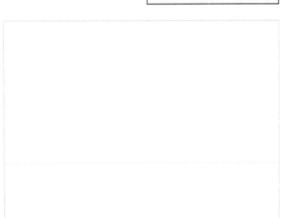

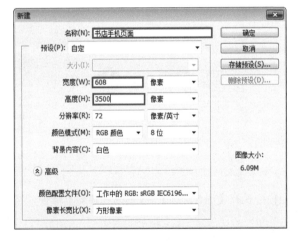

第3步：单击背景图层，然后单击后景色，在弹出的拾色器中输入灰色的颜色值"e7e7e7"并单击【确定】按钮。最后按Ctrl+Delete组合键，将后景色填充到选区。

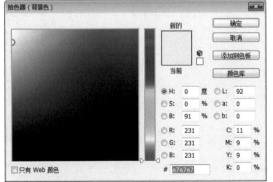

第4步：单击【矩形工具】■，并在工具属性栏调整矩形工具的属性，然后将鼠标指针置于画布上，按住鼠标左键不放，拖曳鼠标绘制矩形，最后单击工具属性栏后的✔。

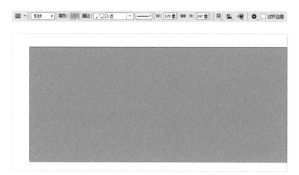

第5步：单击【矩形工具】■，并在工具属性栏调整矩形工具的属性，然后将鼠标指针置于画布上，按住鼠标左键不放，拖曳鼠标绘制一个矩形，最后单击工具属性栏后的✔。

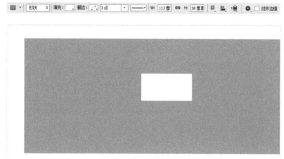

第6步：用鼠标右键单击"矩形2"图层，在弹出的选项栏中执行【混合选项】>【斜面和浮雕】命令，然后在斜面和浮雕属性栏中调整斜面和浮雕的属性。

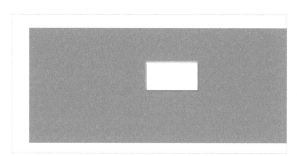

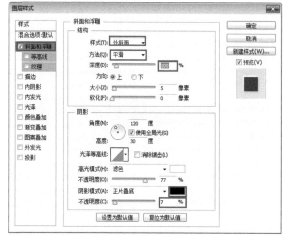

第7步：按Alt键不放，并将鼠标指针置于矩形上，按住鼠标左键不放，拖曳鼠标，就能复制该矩形。

第8步：重复第6步的操作，复制矩形。

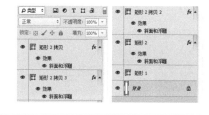

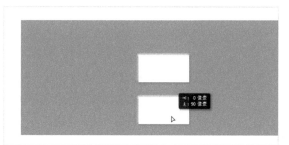

第9步：单击"矩形2拷贝"，单击【文字工具】 ![T.] 添加文案，然后单击【字符】，在弹出的属性框中调整文字的属性。

第10步：单击【矩形工具】 ![■]，并在工具属性栏调整矩形工具的属性，然后将鼠标指针置于画布上，按住鼠标左键不放，拖曳鼠标绘制矩形，最后单击工具属性栏后的 ✔。

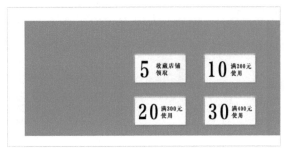

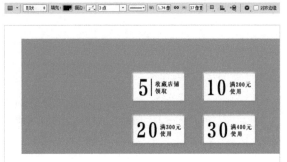

第11步：重复第9步的操作，绘制其他的矩形。

第12步：单击【文字工具】 ![T.]添加文案，然后单击【字符】，在弹出的属性框中调整文字的属性。

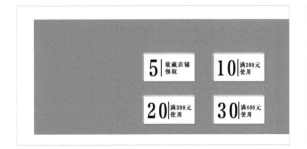

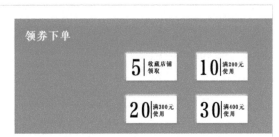

第13步：用鼠标右键单击字体故事图层，在弹出的选项栏中执行【混合选项】>【斜面和浮雕】命令，并在斜面和浮雕属性栏中调整斜面和浮雕的属性。

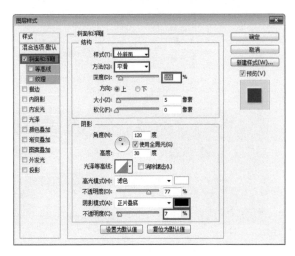

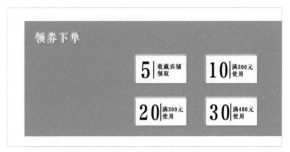

第14步：重复第12~13步的操作，添加其余文案。

【文字工具】T.的操作很简单，但文字的运用很难，不同字体的不同状态，能带来巨大的差异，文字的运用能力高低取决于美工的美感积累。

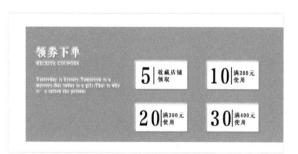

第16步：用鼠标右键单击字体故事图层，在弹出的选项栏中执行【混合选项】>【斜面和浮雕】命令，然后在斜面和浮雕属性栏中调整斜面和浮雕的属性。

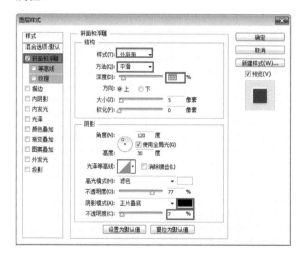

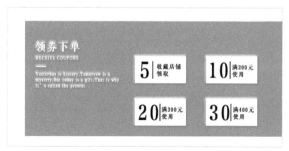

考虑到手机海报的大小，这里优惠券设计得比较小，以形成视觉上的大小对比。

第15步：单击【矩形工具】，并在工具属性栏调整矩形工具的属性，然后将鼠标指针置于画布上，按住鼠标左键不放，拖曳鼠标绘制一个矩形，最后单击工具属性栏后的 ✔。

第17步：单击图层悬浮栏下的 创建新组，双击【组1】可更改组的名称。接着按住Shift键不放，单击店招的所有修改图层，并将这些图层拖入组。

12.2.3 书店商品展示设计

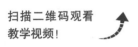

扫描二维码观看
教学视频！

　　商品展示区域用单品大图的方式，这种设计方式能让产品在页面上得到很好的展示，从而吸引买家的注意。

第1步：按Alt+V+E组合键，在弹出的选项框中输入数值"760"（因为手机端后台上传的原因，数值需大于或等于76的倍数），然后单击【确定】按钮。

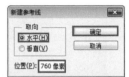

第2步：单击【矩形工具】█，并在工具属性栏调整矩形工具的属性，然后将鼠标指针置于画布上，按住鼠标左键不放，拖曳鼠标绘制矩形，最后单击工具属性栏后的✔。

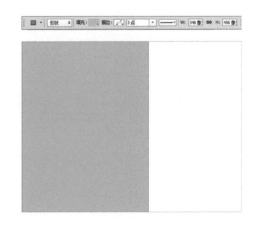

第3步：打开【素材文件】>【第12章素材】，将素材2拖入Photoshop的书店页面设计窗口，按Ctrl+T组合键执行自由变换，然后将鼠标指针置于自由变换的边框线上，按住鼠标左键不放，拖曳鼠标调整素材1的大小和位置，最后单击工具属性栏后的✔。

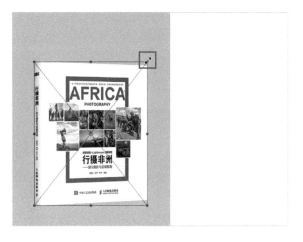

第4步：单击选中"矩形3"，按Ctrl+Shift+N组合键，在弹出的窗口名称栏中，单击【确定】按钮创建一个空白图层。

第5步：按D键恢复默认的前后景色，然后单击【画笔工具】，接着用鼠标右键单击画布，在弹出的笔尖选项中选择【柔边圆笔尖】命令，最后单击画布，绘制一个渐变圆。

第6步：单击"图层2"，按Ctrl+T组合键执行自由变换，然后将鼠标指针置于自由变换框的中上部分，按住鼠标左键不放，拖曳鼠标完成对该形状的变换，最后单击工具属性栏后的✔。

第7步：用鼠标右键单击"图层2"，在弹出的选项栏中选择【创建剪贴蒙版】命令，将影子剪贴到"矩形3"中。

  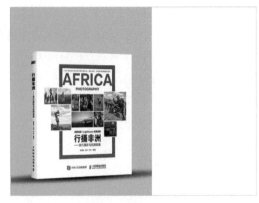

第8步：单击优惠券组，接着单击【矩形工具】█，并在工具属性栏调整矩形工具的属性，然后将鼠标指针置于画布上，按住鼠标左键不放，拖曳鼠标绘制矩形，最后单击工具属性栏后的✔。

第9步：用鼠标右键单击"矩形3"图层，在弹出的选项栏中执行【混合选项】>【斜面和浮雕】命令，并在斜面和浮雕属性栏中调整斜面和浮雕的属性。

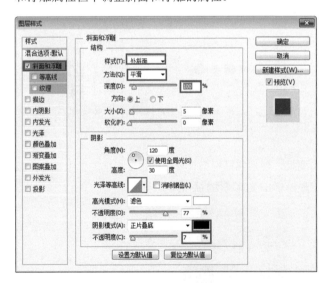 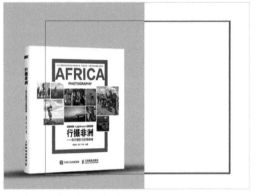

第10步：单击【文字工具】T.添加文案，接着单击【字符】，在弹出的属性框中调整文字的相关属性。

 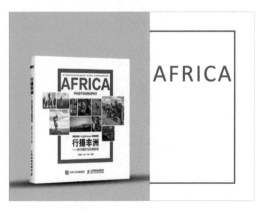

第11步：用鼠标右键单击"AFRICA"图层，在弹出的选项栏中执行【混合选项】>【斜面和浮雕】命令，并在斜面和浮雕属性栏中调整斜面和浮雕的属性。

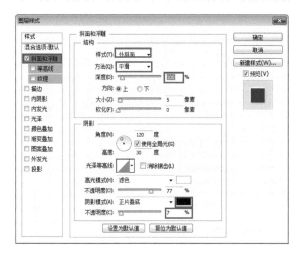

第12步：单击背景图层，然后单击后景色，在弹出的拾色器中，输入灰色的颜色值"e7e7e7"并单击【确定】按钮。最后按Ctrl+Delete组合键，将后景色填充到选区。

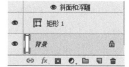

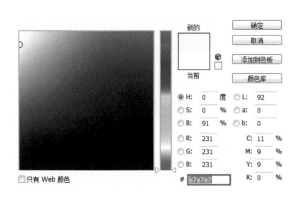

第13步：单击【文字工具】添加文案，然后单击【字符】，在弹出的属性框中调整文字的属性。

第14步：用鼠标右键单击"行摄非洲"图层，在弹出的选项栏中执行【混合选项】>【斜面和浮雕】命令，并在斜面和浮雕属性栏中调整斜面和浮雕的属性。

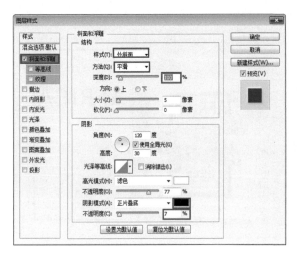

第15步：单击【矩形工具】，并在工具属性栏调整矩形工具的属性，然后将鼠标指针置于画布上，按住鼠标左键不放，拖曳鼠标绘制矩形，最后单击工具属性栏后的。

第16步：用鼠标右键单击"矩形3"图层，在弹出的选项栏中执行【混合选项】>【斜面和浮雕】命令，并在斜面和浮雕属性栏中调整斜面和浮雕的属性。

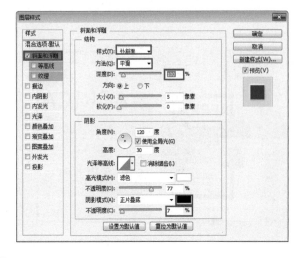

第17步：单击"矩形2"图层，接着单击图层蒙版下方的【添加图层蒙版】 ，给"矩形2"图层添加一个蒙版。

第18步：单击蒙版，然后单击【矩形选框工具】 ⬚，并拖曳鼠标画出选区，接着按D键恢复默认的前后景色，并按Ctrl+Delete组合键，将后景色填充到选区。最后按Ctrl+D组合键取消选框。

第19步：单击图层悬浮栏下的 ▢ 创建新组，双击【组1】可更改组的名称。然后按住Shift键不放，单击店招的所有修改图层，最后将这些图层拖入组。

第20步：按Alt+V+E组合键，在弹出的选项框中输入数值"1216"（因为手机端后台上传的原因，数值需大于或等于76的倍数），然后单击【确定】按钮。

提示 ↓

这里的1216像素是加上了前面版块高度的像素，Photoshop中想要精准地添加辅助线，较快的方法是输入准确数值。

第21步：打开【素材文件】>【第12章素材】，将素材3拖入Photoshop的书店页面设计窗口，按Ctrl+T组合键执行自由变换，然后将鼠标指针置于自由变换的边框线上，按住鼠标左键不放，拖曳鼠标调整素材3的大小和位置，最后单击工具属性栏后的✔。

第22步：单击组【第一屏】，然后单击【矩形工具】▭，并在矩形工具属性栏中调整矩形属性，拖曳鼠标画一个矩形。

第23步：单击【直接选择工具】，然后将鼠标指针置于矩形的右上角，按住鼠标左键不放，拖曳鼠标控制该点，调整矩形的形状。

第24步：单击选中"矩形4"，按Ctrl+Shift+N组合键，在弹出的窗口名称栏中单击【确定】按钮，创建一个空白图层。

第25步：按D键恢复默认的前后景色■，然后单击【画笔工具】✎，并用鼠标右键单击画布，在弹出的笔尖选项中选择【柔边圆笔尖】命令，最后单击画布，绘制一个渐变圆。

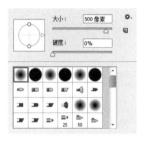

第26步：单击"图层2"，按Ctrl+T组合键执行自由变换，然后将鼠标指针置于自由变换框的中上部分，按住鼠标左键不放，拖曳鼠标完成对该形状的变换，最后单击工具属性栏后的✔。

第27步：单击【文字工具】T,并添加文案，然后单击【字符】，在弹出的属性框中调整文字的属性。

第28步：用鼠标右键单击"时装设计师"图层，在弹出的选项栏中执行【混合选项】>【斜面和浮雕】命令，并在斜面和浮雕属性栏中调整斜面和浮雕的属性。

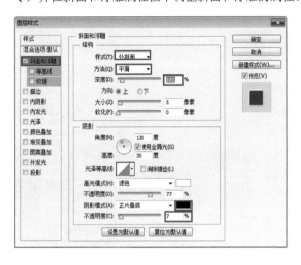

第29步：重复第15步、第27步和第28步的操作，输入文案等内容。

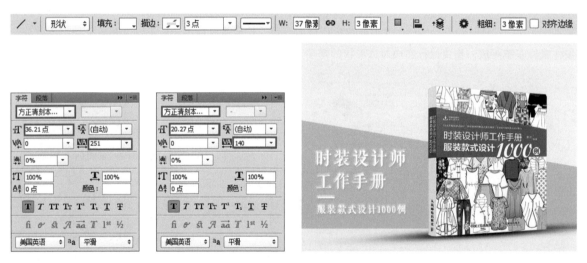

第30步：单击图层悬浮栏下的▢创建新组，双击【组1】可更改组的名称。然后按住Shift键不放，单击店招的所有修改图层，将这些图层拖入组。

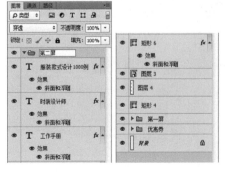
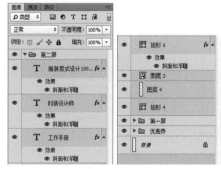

第31步：打开【素材文件】>【第12章素材】，将素材4拖入Photoshop的书店页面设计窗口，按Ctrl+T组合键执行自由变换，然后将鼠标指针置于自由变换的边框线上，按住鼠标左键不放，拖曳鼠标调整素材4的大小和位置，最后单击工具属性栏后的✔。

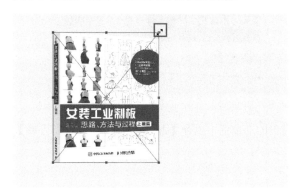

第32步：单击【矩形工具】▬.，并在工具属性栏调整矩形工具的属性，然后将鼠标指针置于画布上，按住鼠标左键不放，拖曳鼠标绘制矩形，最后单击工具属性栏后的✔。

第33步：单击组第二屏，然后单击【椭圆工具】⬭.，并在工具属性栏调整椭圆工具的属性，接着按住Shift键，并将鼠标指针置于画布上，按住鼠标左键不放，拖曳鼠标绘制圆，最后单击工具属性栏后的【确定】✔。

第34步：重复第24步和第25步的操作，绘制影子。

第35步：单击【文
字工具】添加文
案，然后单击【字
符】，在弹出的属
性框中调整文字的
属性。

第36步：用鼠标右键单击"时装设计师"图层，然后弹出的选项栏中执行【混合选项】>【斜面和浮雕】
命令，在斜面和浮雕属性栏中调整斜面和浮雕的属性。

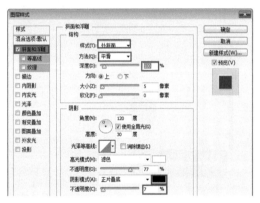

第37步：重复第35步和第36步的操作，输入
其他的文案。

第38步：单击图层悬浮栏下的▢创建新组，双击【组1】可更改组的名称。接着按住Shift键不放，单击店
招的所有修改图层，将这些图层拖入组。

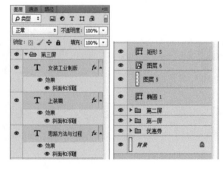

12.2.4 切片保存

切片保存是一种图片保存方式,能将一张图片分解成很多部分,能加快图片在页面上的显示速度。

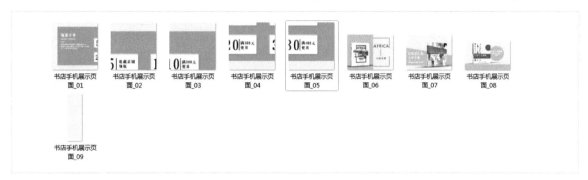

第1步:在12.2.3节完成的Photoshop源文件中,用鼠标左键单击工具栏的【切片工具】，此时鼠标指针变为图标,单击选择切片工具属性栏中的【基于参考线切片】。页面会以之前的参考线为基础,对页面进行划分。

第2步:单击【切片选择工具】，然后单击多余的切片,并按Delete键删除该切片。

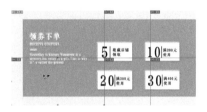 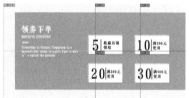

第3步:用第2步的操作方法删掉切片7和切片8,然后单击切片6,按住鼠标左键不放,拖曳鼠标到切片的边框处,最后将鼠标指针置于切片上,按住鼠标左键不放,拖曳鼠标,扩大切片的区域。

第4步:重复第2步和第3步的操作,修改其余的切片。

第5步：执行【文件】>【储存为Web所用格式】命令，在弹出的选项栏中，选择JPEG格式（手机端页面上传JPEG格式的图片才能使用）。

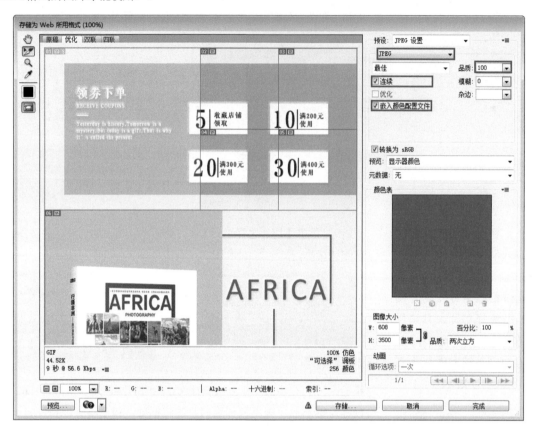

第6步：单击选项栏中的【确定】按钮，在弹出的选项中修改存储文件位置和存储文件名称。

12.3 网店后台操作

网店的后台操作很简单，只需要熟悉操作的流程即可。登录淘宝网页版的后台，单击【店铺管理】下的【手机淘宝店铺】，进入手机淘宝的后台管理中心。

单击无线店铺下的【立即装修】，进入无线店铺装修后台。然后单击【店铺首页】，进入手机店铺首页装修后台。

第1步：单击页面中的版块，会弹出该版块的属性和操作项。在弹出的选项中单击✕键删除该版块。

第2步：重复第1步的操作，删除原有的所有版块。

第3步：单击页面左侧的模块选项【图文类】后的 ☰，在弹出的选项中选择【单列图片模块】，右边就会出现单列模块。

第4步：单击页面右侧原本的图片位置，弹出图片选择选项。

第5步：单击【上传新图片】，在弹出的选项中选择【点击上传】，在弹出的选项栏中，选择要上传的图片。

第6步：此时会选中图片，并裁剪图片（200~960像素为规定的单列宝贝版块尺寸），单击【上传】，会在版块属性栏显示图片。

第7步：单击右侧链接下的 ∅，在弹出的选项中单击链接后的【选择链接】，就会在图片属性栏中添加该链接。

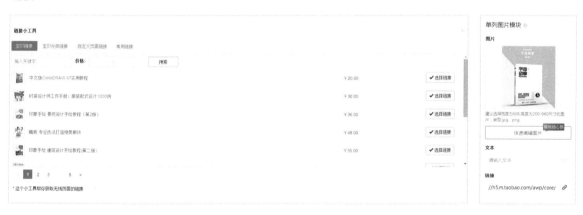

第8步：单击模块属性栏下的【确定】，就会把图片和链接应用到模块中。

第9步：单击页面左侧的模块选项【图文类】后的 ，在弹出的选项中选择【自定义模块】，右边就会出现自定义模块。

提示 ↓

自定义版块是可以自由划分的版块。其划分方式需要满足一定的条件。

提示 ↓

自定义模块不像其他模块，一张图只能有一个链接，自定义模块可以将图片分成几个部分，每个部分都能添加链接。自定义模块由76像素×76像素的格子组成，手机页面的图片的高度需为76像素的倍数，宽同样为76像素的倍数，但要小于或等于608像素。

第10步：将鼠标指针置于自定义页面的方框边角上，按住鼠标左键不放，拖曳鼠标调整页面分割的图片形状，然后双击确定选区形状。

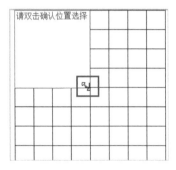

提示 ↓

这里自定义布局要与切片的布局一致，否则二者的图片不匹配。

第11步：重复第4~8步的操作，添加所有的图片以及相应的链接。

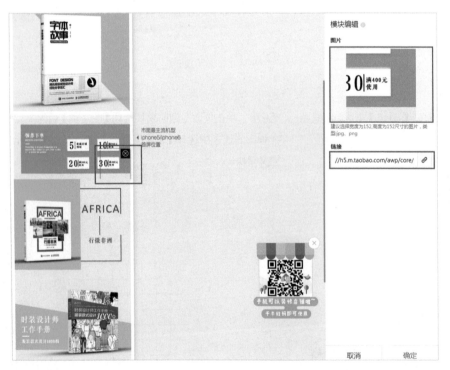